# 一、品种

彩图1　甬榨2号

彩图2　甬榨5号

# 二、育苗

彩图3　设施工厂化育苗

彩图4　防虫网育苗

## 三、栽培

彩图5　大棚栽培

彩图6　露地栽培

彩图7　梨园套种榨菜

彩图8　葡萄园套种榨菜

彩图9　桑园套种榨菜

## 四、异常生长现象

彩图10　根茎过长

## 五、常见病虫害

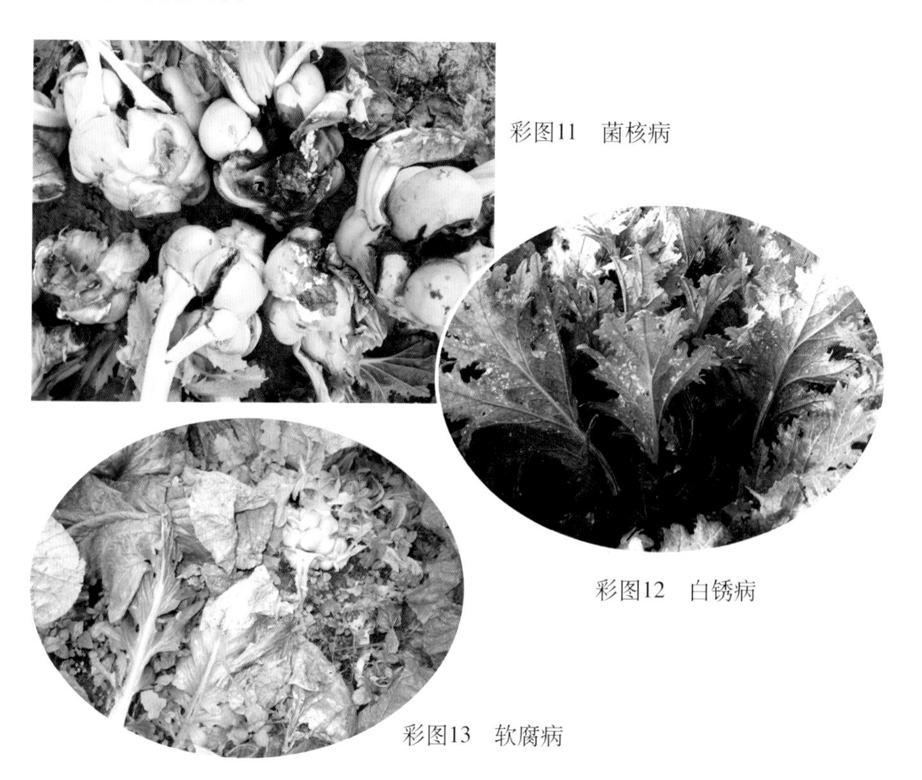

彩图11　菌核病

彩图12　白锈病

彩图13　软腐病

## 六、收获

彩图14　收获榨菜

## 七、种子生产

彩图15　蜜蜂授粉

彩图16　榨菜种子生产基地

# 八、产品加工

彩图17　巴氏杀菌车间

彩图18　全自动灌装机

彩图19　榨菜片

彩图20　榨菜丝

# 品种资源和高效生产技术

ZHACAI PINZHONG ZIYUAN HE GAOXIAO SHENGCHAN JISHU

孟秋峰　王毓洪　黄芸萍　主编

中国农业出版社
北　京

**图书在版编目（CIP）数据**

榨菜品种资源和高效生产技术/孟秋峰，王毓洪，黄芸萍主编．—北京：中国农业出版社，2018.9
ISBN 978-7-109-24497-9

Ⅰ．①榨… Ⅱ．①孟… ②王… ③黄… Ⅲ．①榨菜—种质资源—介绍 ②榨菜—栽培技术 Ⅳ．①S637.3

中国版本图书馆 CIP 数据核字（2018）第 190154 号

中国农业出版社出版
（北京市朝阳区麦子店街 18 号楼）
（邮政编码 100125）
责任编辑 冀 刚

---

中国农业出版社印刷厂印刷 新华书店北京发行所发行
2018 年 9 月第 1 版 2018 年 9 月北京第 1 次印刷

---

开本：850mm×1168mm 1/32 印张：6.5 插页：4
字数：220 千字
定价：36.00 元

# 编 写 人 员


**主　　编：** 孟秋峰　王毓洪　黄芸萍

**副 主 编：** 郑华章　任锡亮　王　洁

**参编人员：** 诸渭芳　沈学根　曹亮亮　华　颖

顿兰凤　贾世燕　黄新灿　李　燕

杨伟斌　陈　承　马丽萍　周洁萍

吴　颖　张志明　张华峰　郭斯统

# 前言

FOREWORD

榨菜既是重要的鲜食蔬菜，也是重要的农副加工产品，与同属的甘蓝和白菜相比，其加工产品更是出类拔萃。榨菜，学名茎瘤芥，作为中国茎用芥菜的一朵奇葩，在世界上享有盛誉；我国是世界上唯一生产榨菜的国家。重庆“涪陵榨菜”、浙江“余姚榨菜”和“斜桥榨菜”早已驰名中外。浙江的余姚市1996年被农业部命名为“中国榨菜之乡”，“余姚榨菜”先后荣获原产地标记注册证书、全国果菜产业百强地标品牌、全国果菜产业最具影响力地标品牌。榨菜被列入浙江省特色优势农产品。据不完全统计，浙江省榨菜常年栽培面积在40万亩左右，年产量120万吨以上；榨菜原料年加工量100万吨以上，年加工产值达25亿元左右，在满足城乡居民消费需求和增加农民收入方面发挥了重要作用。

国内关于榨菜遗传、育种和栽培方面的研究工作与同属十字花科蔬菜的甘蓝类、白菜类、萝卜类蔬菜相比，显得较为薄弱，生产上根肿病、白锈病等病害甚为严重，榨菜产区常出现先期抽薹、瘤状茎空心及冻害等问题，榨菜加工尚缺系统研究。鉴于以上现状，作为长期在中国榨菜主产区之一——浙江从事榨菜研究的科技工作者的夙愿是撰写一本全面反映榨菜的科技专著。同时，为进一步加快榨菜优良品种及高效栽培技术的应用和推广，切实帮助广大菜农学习掌握实用技术知识、提高种植经济效益，浙江省从事榨菜遗传育种及栽培技术研究的一线科技人员在长期榨菜科研生产实践过程中，结合浙江省的生产实际情况，同时也参考了其他地区的相关成功经验和科研成果，对其进行科学总结、精心归纳，编写了《榨菜品种资源及高效生产技术》一书，以期能够抛砖引玉，对广大榨菜科技工作者、基层农技推广人员、榨菜种植基地技术和管理人员以及种植农户有所启发，从而进一步推动榨菜产业转型升级以及创新发展。

编写组广泛收集了国内外有关资料，撰写初稿，经过5次汇总讨论后，修改成书。希望本书能够向国内外展示我国榨菜的研究成果，在国内可以作为各层次科技人员参考应用的书籍。

本书的编写得到了宁波市农业科学研究院及余姚市农林局有关部门领导的关心和支持，浙江大学园艺系汪炳良教授、浙江省农业技术推广中心胡美华研究员对本书的有关内容进行了审阅指正，并提供了部分相关资料。在此，向他们以及本书所参考图书、论文、资料的作者致以衷心的感谢。

本书受宁波市科学技术协会科普图书项目与宁波市领军和拔尖人才培养工程专项资助，由宁波市农业科学研究院蔬菜研究所高级农艺师孟秋峰等编写。本书编写团队长期从事榨菜研究工作，实践经验丰富。

由于本书编写时间紧，更限于编者的水平和能力，错误和不当之处在所难免，敬请广大读者和同行专家给予批评指正。

编　者

2018年5月

# 目 录

CONTENTS

# 第一章 绪　论

榨菜，其特点是茎基部发生变态，着生若干瘤状凸起，形成肥大、柔嫩多汁的瘤状茎。18 世纪中叶以前，榨菜起源于我国四川盆地东部的长江沿岸，是我国特有的鲜食和加工蔬菜，以瘤状茎为主要经济收获物。20 世纪初期，仅限于四川境内栽培。20 世纪 30 年代引入浙江地区，经过不断地人工选择，培育出了适合浙江地区自然条件的另一生态型品种。我国是世界上唯一生产榨菜的国家，全国约有 20 个省、自治区、直辖市栽培榨菜。目前，国内大规模商品化栽培主要集中在重庆、浙江、四川和湖南等地。重庆栽培榨菜的区域主要集中在涪陵、丰都、万州、巫山、巴县、江津等地；四川栽培榨菜的面积大、范围广，其主要区域在眉山、内江、南充、资中等地，主要用做泡菜加工，部分也做鲜食；浙江的主产区在余姚、桐乡、慈溪、上虞、海宁、瑞安等地；湖南的主产区在常德、岳阳等洞庭湖平原环湖区域。

## 第一节　榨菜营养价值

榨菜是在我国特殊的自然环境条件下孕育，作为蔬菜，质地柔嫩细腻，清香味鲜，属于东方型蔬菜。因含有丰富的硫代葡萄苷，存在不同程度的辛辣味，熟食及腌渍品味极其鲜美，鲜食较少。榨菜的品种及类型丰富，冬春季供应期长，成为广大城乡居民的重要蔬菜。特别是长江以南区域除鲜食外，还能做成各种家常风味的泡菜、腌菜终年佐餐。榨菜富含维生素、矿物质，磷、钙含量高过很多蔬菜，蛋白质及糖含量也较为丰富（表1-1）。榨菜含有丰富的硫代葡萄糖苷，同时伴生有硫代葡萄糖苷酶。通常两者是分离的，只有当植物组织受到破坏时，两者才相互作用而酶解。除释放出葡萄糖和 $HSO_4^-$ 离子外，非糖部分经过分子重排产生各种异硫氰酸酯和单质硫，或经另一类型分子重排形成硫氰酸酯。

**表1-1　榨菜的营养物质含量**

| 含量成分 | 品种 | | | | | |
|---|---|---|---|---|---|---|
| | 全碎叶鲜菜 | 全碎叶加工 | 半碎叶鲜菜 | 半碎叶加工 | 琵琶叶鲜菜 | 琵琶叶加工 |
| 水分（%） | 94.72 | 72.33 | 94.48 | 71.37 | 94.14 | 72.27 |
| 粗蛋白（%） | 22.92 | 15.00 | 23.32 | 14.16 | 16.91 | 15.33 |
| 总糖（%） | 17.88 | 3.60 | 16.61 | 4.56 | 24.24 | 4.34 |
| 维生素C（毫克/100克） | 26.39 | 0 | 20.41 | 0 | 29.38 | 0 |
| 纤维（%） | 10.01 | — | 10.76 | — | 11.69 | — |
| 磷（%） | 0.98 | — | 1.01 | — | 0.80 | — |
| 钾（%） | 3.30 | — | 3.50 | — | 3.30 | — |
| 钙（%） | 0.77 | — | 0.88 | — | 0.88 | — |
| 铁（毫克/千克） | 120 | — | 124 | — | 162 | — |
| 硼（毫克/千克） | 14.9 | — | 15.7 | — | 12.0 | — |

注：每500克鲜重含量。

榨菜营养丰富，味道鲜美。据测定，每100克干重的鲜榨菜，其蛋白质含量为4.2克，是甘蓝的2倍、大白菜的4倍；含糖量为9克，是甘蓝的9倍、大白菜的4.5倍；钙含量为280毫克，是甘蓝的3.5倍、大白菜的12倍；磷含量为130毫克，是甘蓝的3倍、大白菜的4.5倍；铁含量为6.7毫克，是甘蓝的4倍、大白菜的22倍。鲜榨菜中游离氨基酸含量约占干重的

20%，加工后蛋白质被水解，从而产生了更多的游离氨基酸，包括谷氨酸、胱氨酸、赖氨酸、蛋氨酸等17种氨基酸。此外，榨菜加工品具有一组特殊芳香成分。所以，加工后的榨菜香气横溢、滋味鲜美，为广大消费者所喜爱。

榨菜具有特殊的刺激性香味，挥发性成分具有消炎、祛风及抑制甲状腺肿等药理作用。榨菜具有较强的鲜味和微带酸味。榨菜在腌制过程中，原料中的蛋白质在蛋白酶的水解下生成氨基酸。榨菜含有17种氨基酸，氨基酸对榨菜风味的形成具有重要的作用，其中含有的谷氨酸和天冬氨酸，是榨菜鲜味的主要来源。一方面，食盐中的钠与谷氨酸结合生成了谷氨酸钠，增强了榨菜的鲜味，榨菜中的甘氨酸和色氨酸呈现甜味；另一方面，榨菜中的氨基酸在酸作用下生产醇，醇与酸生成酯，提升榨菜的香气。

## 第二节 我国榨菜育种及良种产业化进展

与十字花科白菜类蔬菜、甘蓝类蔬菜和萝卜相比，国内的榨菜育种工作起步较迟，从事育种工作的科技人员偏少。随着国家经济的不断发展，榨菜育种工作正逐步受到政府的重视。近年来，农业农村部启动了特色蔬菜产业技术体系，设置了芥菜类蔬菜品种改良岗位科学家和综合试验站，专门研究榨菜和芥菜。重庆市农业委员会还组建了国内第一个榨菜产业技术体系，系统开展榨菜种质资源、新品种选育以及良种产业化工作。浙江省宁波市农业局组建了榨菜产业技术创新团队，从事榨菜新品种、新技术、新模式、新工艺的试验、示范与推广。这些举措都为国内的榨菜育种工作注入了强劲的动力。

国内部分高校及科研院所和部分县（市）种子管理站、种子公司从20世纪30代开始，相继开展了榨菜品种资源鉴定和榨菜遗传育种等研究，取得了一定的成绩。从国内外报道来看，榨菜育种单位主要集中在重庆和浙江等地，通过育种工作者的努力，先后选育出20多个品种通过省（市）审定或认定，在生产上推广应用。重庆市渝东南农业科学院（原重庆市涪陵农业科学研究所）在对榨菜种质资源进行鉴定评价的基础上，进行了品种资源的遗传改良、新品种选育以及杂种优势利用的研究，选育出以涪丰14、永安小叶等为代表的冬榨菜常规品种，以涪杂1号～涪杂8号为代表的冬榨菜杂交种。宁波市农业科学研究院选育出甬榨1号～甬榨4号为代表的榨菜常规品种，以甬榨5号～甬榨6号为代表的春榨菜杂交品种。浙江大学园艺系（原浙江农业大学园艺系）与桐乡榨菜课题组联合选育的3个优良榨菜品种，分别为浙桐1号、浙桐2号、浙桐3号。浙江省桐乡市农业经济局从地方品种半碎叶中，经过优良单株选择和混合留种，选育出榨菜新品种3个，分别为桐农1号、桐农3号、桐农4号。海宁市农业经济局从地方半碎叶品种中，经过系统选育，育成榨菜品种潮丰1号。浙江省勿忘农种业集团选育出1个常规品种即浙丰3号。余姚市农业技术推广服务总站通过对地方品种的提纯复壮以及系统选育，育成榨菜新品种余缩1号。浙江大学与浙江省勿忘农种业集团利用胞质雄性不育系选育出一个一代杂种——惠圆早。温州市农业科学研究院和浙江大学蔬菜研究所合作选育出冬榨菜新品种——冬榨1号。慈溪市种子公司通过对地方品种萧山缩头种系统选育，育成榨菜新品种——慈选1号。余姚市种子管理站通过对地方品种余姚缩头种系统选育，育成榨菜新品种——余榨2号。

浙江省榨菜种植始于20世纪30年代，开始生产上使用的种子一般都是地方品种，农民自繁自用，没有进行专业化生产。20世纪80年代，浙江大学开始了榨菜的单株系统选育和杂交育种工作，选育出了一批优良的常规品种，如浙桐1号、浙桐2号、浙桐3号等。这些品种当时对榨菜生产起了一定重要的作用。浙江省最早开展榨菜杂种优势利用研究的是浙江大学园艺系，选育出国内第一个榨菜胞质雄性不育系，并开展了相关雄性不育机理的研究，配制了榨菜杂交组合。但由于该不育系存在低温黄化等问题，在一定程度上限制了其在生产上的应用。截至目前，宁波市农业科学研究院是目前浙江省选育榨菜品种数量最多、新品种推广应用面积较大的科研单位。宁波市农业科学研究院自20世纪90年代开展榨菜新品种选育以来，先后选育出榨菜新品种6个，在生产上大面积推广应用。宁波市农业科学研究院和浙江大学农业与生物技术学院进行科研合作，通过多年努力，选育出春榨菜杂交品种——甬榨5号，该品种克服了原来榨菜杂交品种低温黄化、杂种优势不明显的难题。温州市农业科学研究院和浙江大学农业与生物技术学院合作选育冬榨菜品种——冬榨1号。2016年，余姚市益农蔬菜产销专业合作社种植的甬榨5号亩产和单茎重分别达5 013.79千克和1.78千克，打破原先由宁波市鄞州区五乡前伟榨菜专业合作社创造的纪录。

## 第三节 榨菜品种和生产的技术变革

榨菜自20世纪30年代传入浙江以来，开始的种植地区主要为浙江北部的海宁、桐乡和浙江南部的椒江、黄岩等地。由于各方面的原因，开始发展很慢。温州由于冬季气温较浙江其他地区高一些，从四川等地引进了冬榨菜，成为浙江唯一的冬榨菜产区。该地区同时也从浙江北部和东部引进了一些春榨菜品种，目前冬榨菜和春榨菜在温州都有种植。20世纪60年代之前，浙江的榨菜种植主要以海宁、桐乡、黄岩、温州等县（市）为主。由于受经济效益和政策制约，种植面积并不大。经过浙江农民的长期培育，形成了浙江特色的半碎叶种植品种和栽培方法。1961年，余姚市小曹娥镇姚长灿把榨菜引进到余姚种植，形势逐渐发生变化，特别是经过余姚农民的品种选择以及加工技术的改进，后来居上，已经形成适合当地的独特栽培技术和加工工艺，成为

"浙式榨菜"的主产地和代言人。余姚榨菜产业全产业链跻身2015年浙江6条示范性农业全产业链之列。余姚榨菜全产业链涵盖"从田间到餐桌"的各个环节，实现一二三产融合发展。建立鲜菜头收购价格稳定机制，切实维护菜农的利益，保障加工企业的原料供应。加工企业从100多家整合到43家，涌现了"备得福"等一批全国农产品加工示范企业。近5年来，投入技改资金2.5亿元，推广高温杀菌生产线、研发巴氏杀菌等技术提高榨菜质量。通过机制创新和技术创新，余姚成为全国最大的榨菜生产加工基地，享有"中国榨菜之乡"的美誉。余姚榨菜产业实现年产值超17亿元。依托榨菜生产加工工艺，相继开发出萝卜、酸菜、刀豆、海带、竹笋等30多种菜品并推向市场。同时，通过招商引资，积极利用社会工商资本发展榨菜原料配给、机械加工、物流运输、包装印刷等相关行业。目前，余姚榨菜销售覆盖全国，市场占有率超过60%，并出口10余个国家和地区。在2014年中国农产品区域公用品牌价值评估中，"余姚榨菜"品牌价值达到64.97亿元，位列榜单第四位。目前，余姚市加工企业43家，亿元以上企业4家，如宁波铜钱桥食品菜业有限公司、余姚市备得福菜业有限公司。荣获中国驰名商标16件，中国名牌2件；浙江著名商标12件，浙江名牌（农产品）10件；2015年浙江省示范性农业全产业链。例如，宁波铜钱桥食品菜业有限公司创立于1983年11月，是一家以浙式酱腌菜（榨菜）为主业的浙江省级骨干农业龙头企业。依托杭州湾地区为余姚榨菜的地域优势，经过30多年的生产经营，公司已形成年产5万吨酱腌菜（榨菜）产品的自有产能，现有员工600余人，榨菜、番茄酱产品自动灌装生产线、高温杀菌线12条，标准实验室2个，自有农场3 000亩*，联结农户近万亩。现为全国绿色食品示范企业，拥有300多家忠实的一级经销商，销售网络覆盖了全国20

---

* 亩为非法定计量单位。1亩=1/15公顷。

个省、自治区、直辖市的100多个地（县）市级市场，并远销欧盟、西非、中东、东南亚等国家和地区。公司旗下“铜钱桥”牌榨菜位居全国榨菜行业首次“中国名牌产品”荣誉之列，先后斩获“浙江省名牌产品”“宁波市名牌产品”“浙江省著名商标”“浙江省知名商号”“浙江省十大品牌榨菜”“浙江农业博览会金奖”等荣誉。铜钱桥产品已通过原产地标记注册、ISO9001国际质量管理体系认证、QS认证、绿色食品认证。企业先后被评定为全国农产品加工示范企业、浙江省级骨干农业龙头企业、浙江省农产品加工示范企业、浙江省百强食品工业企业、宁波市农业龙头企业、宁波市十佳绿色食品企业、宁波市科技创新型企业等。

余姚市位于浙江省宁绍平原，东经120°～121°，北纬29°～30°，北部为滨海平原，中部为丘陵，南部为山区，属于北亚热带季风气候区，四季分明，温和湿润，光照充足，雨量充沛，非常适合榨菜生长。余姚种植榨菜的时间不长，到2017年，仅有56年的历史。但这么短的时间内发展迅速，不仅平均亩产量达到全国第一，种植面积和总产量也达到全国榨菜种植县级市第一名。追溯余姚榨菜种植的历史，迅猛发展期为中共十一届三中全会之后，农民的积极性大大提高，开始从单一的自留地种植扩展到滨海棉田。广大榨菜种植农民积极探索各种种植模式，间作套种就是其中一种。果园套种榨菜或者榨菜与小麦或蚕豆间作就是其中的典型模式。余姚榨菜之所以能够成为“浙式榨菜”的代名词，与它一开始走过的路是分不开的。最初，余姚的榨菜加工是以块形加工为主，劳动强度大，生产效率低。随着我国改革开放的进一步深入，榨菜产业也迎来了稳定持续健康发展的大好时机，现在都改成了机械化操作的精加工产品。原来的笨重易破的陶坛包装改为轻便的软包装，原来的高盐产品转变为低盐系列产品及多味型、多形状的系列产品。

随着改革开放的深入，我国也进入了社会主义新时代，浙江榨菜产业也进入了新的发展期。浙江榨菜由于建设用地和城市扩大等原因以及受榨菜产量价格波动较大、主要灾害性天气发生频繁、生产成本不断上涨等影响，榨菜种植面积总体上有减少的趋势。榨菜加工企业纷纷到重庆、江苏、安徽等地收购榨菜，出现了原料短缺的情况，如余姚市黄家埠镇有榨菜加工企业 4 家，鲜榨菜加工销售能力 6 万余吨，相当于该镇榨菜产量的 2 倍。榨菜生产属于劳动力密集型产业，随着农业劳动力价格的不断上升，为提高榨菜生产经济效益，必然要减少劳动用工，减轻劳动强度，榨菜机械直播已趋于必然趋势。榨菜机械化及轻简化栽培可以大大降低劳动强度，一定程度能够缓解“雇工难、工钱贵”的现状，具有较大的优势。随着新形势的发展，有关农技（机）部门对榨菜的机播机收等技术难题研究要紧紧跟上，对有效解放劳动力、稳定榨菜面积将起到战略性的意义。

自浙江榨菜问世以来，在半个多世纪的发展历程中，产业主要围绕鲜头加工做文章，产品单一。近年来，随着市场的变化和技术的成熟，榨菜多用途生产、副产物综合利用、加工废水变废为宝等成为越来越现实的问题。第一，政府在对待榨菜产业的发展上，应坚持“两条腿走路”的方针，在推动榨菜加工业快速发展的基础上，对今年兴起的榨菜鲜销生产进行规范和引导，组织科研单位和行业主管部门，制定鲜食榨菜生产技术规范和产品质量标准，产业发展初期阶段，采取政策和资金扶持手段，推动鲜销榨菜的快速发展。第二，加快适宜机械化收割的榨菜新品种和配套技术的研发，加快农机引进步伐，鼓励节本高效生产技术的推广应用，提升榨菜产业的科技含量。第三，榨菜鲜头采收后，要分等级，通过采用新品种，改进栽培技术，加大优质品的比例，为浙江榨菜产业转型升级提供原料支撑。第四，加强对榨菜砍收后留下的菜叶等副产物的开发研究，利用菜叶、菜蕻等开发榨菜新产品，大力发展循环经济，延伸产业链，增加企业经济效益和农民收入，实现经济发展和环境保护的双赢。第五，要强化科研意识，夯实浙江榨菜的技术支撑。榨菜产业的发展，市场是动力，企业是纽带，科技是支撑。在强化市场为导向的同时，决不能忽视科技对榨菜产业发展的支撑作用。政府要高度重视榨菜科技成果的创新和应用，目前浙江榨菜产业的科技资源总量不小，但存在产业链各个环节分布不均匀、优势学科主要在种植环节、不成体系、各自为政、缺乏联系和衔接等问题，与产业发展配套的栽培和加工技术有待进一步研究。目前，榨菜许多领域的研究或处于空白，或处于起步阶段（西瓜种植后再种植榨菜），对产业发展的趋势缺乏预见性，对生产上存在的一些问题没有有效的解决措施。因此，要强化产业的科技支撑意识，制订产业发展中长期规划，并把科研发展纳入规划之中，整合科技资源，形成与市场紧密结合的产业技术支撑体系，集中力量解决产业发展中的各种问题，为榨菜产业的持续健康发展提供基础。

# 第二章 榨菜分布与产业概况

榨菜原产于四川盆地，主要产区为重庆、浙江和四川，湖南、福建、江苏、安徽、山东、陕西、湖北、贵州、云南、江西、广东、河南、黑龙江、新疆、广西等地也有引种栽培和少量生产。产业化程度高、产业链完善的是重庆、四川和浙江。据不完全统计，2008年重庆榨菜鲜头产值就达10亿元以上，约带动相关产业收入80亿元以上；浙江榨菜鲜头产值约8亿元，带动相关产业收入45亿元以上。重庆榨菜主要分布在涪陵、万州、渝北、巴南、长寿、丰都、忠县以及江津、合川等区（县）。榨菜在浙江的分布从开始时的海宁、桐乡、椒江等地，逐步扩展到萧山、余姚、慈溪、乐清、奉化、瑞安等40多个县（市），栽培面积也得到了飞速发展。尤其是改革开放后，榨菜发展更迅速。

## 第一节 国内榨菜产业概况

榨菜作为我国传统的特色加工蔬菜，在我国具有重要的地位。在我国名目繁多、品味各异的酱腌菜制品中，榨菜可以算得上佼佼者，长期以来备受国内外消费者的青睐。全国有20多个省（自治区、直辖市）种植榨菜，但最为集中且产业链最为完整的主要是重庆、浙江两地。由于榨菜种植业的发展，促进和带动了榨菜加工业以及为其服务和与之相关的盐业、香料、佐料、陶瓷、竹编、塑料、彩印、运输等行业的发展，形成了一个以榨菜为中心的互为依存、相互促进的大产业体系，从业人员数百万计。榨菜种植业和加工业的发展给我国榨菜产区带来了稳定而巨大的财富。

榨菜面积在 300 万亩左右，鲜头总产量 550 万吨左右，其中鲜销 100 万吨，用于加工 450 万吨左右，出口创汇约 1 亿美元。目前，我国具有一定规模的榨菜生产企业有 170 余家，年加工能力 200 万吨以上，其中精深加工企业 150 多家，榨菜生产常年从业人员在 30 万人以上，榨菜种植涉及人口达数百万人。榨菜产业的持续稳定发展对促进我国农业增效、农民增收和农村经济发展发挥了重要作用。浙江经济发达，农产品加工企业多，实力雄厚。浙江榨菜加工企业除了加工本省生产的榨菜外，每年还从四川、江西、江苏等地采购大量鲜榨菜或半成品榨菜进行加工。浙江土地资源有限，不少榨菜种植户到江苏、江西以及安徽等浙江周边省份承包土地栽培榨菜，由于经济效益可观，带动了当地农民发展榨菜产业。近年来，安徽、江苏以及江西等省份榨菜栽培面积快速扩大。如江苏省南通市如东县大豫镇榨菜种植面积达 2 000多亩，江苏省海门市悦来镇榨菜种植面积 1 000 多亩。

根据对各榨菜产地调查了解，榨菜的栽培季节可分为秋榨菜、冬榨菜和春榨菜。目前，在江西南部、浙江等有一定的栽培面积。而长江以北地区，由于冬季温度较低，不适合榨菜生长，所以，其榨菜栽培季节也在秋季。如在山东等地，在 8 月中旬前后播种，经过 70 天左右的生长，在 10 月下旬即采收。冬榨菜的产区，其冬季相对较为温暖，目前重庆、四川以及浙江温州主要为冬榨菜产区。此外，近年来，在浙江慈溪等地也有冬榨菜生产。浙江东部和浙江北部以及江苏、安徽、江西、湖南等地栽培的榨菜均属于春榨菜。

重庆涪陵是榨菜的发源地和最大产区，涪陵区榨菜种植涉及李渡新区和 22 个乡（镇、街道办事处）近 60 万人。2011 年，榨菜种植面积达 70 万亩，成功创建“全国无公害农产品（种植业）生产示范基地区”“全国出口榨菜基地示范区”。经过多年的扶优汰劣、大力整合，涪陵榨菜生产企业由原来的102家整合为43家，培育壮大了一批龙头骨干企业，目前有区级以上榨菜龙头企业15家，占全区榨菜企业总数的1/3，其中国家级2家，市级8家，区级5家；涪陵榨菜集团股份有限公司成功上市，是全国酱腌菜食品行业唯一的上市公司，涪陵榨菜集团、辣妹子集团、洪丽食品公司位列重庆产业化龙头企业30强。涪陵榨菜以其独特的魅力誉满神州、香飘海外，多次获得国际和国内金奖。据统计，涪陵榨菜自问世以来，有14个品牌获国际金奖4次，获国内质量奖90余个次。1915年，涪陵“大地牌”榨菜获巴拿马万国商品博览会金奖。1970年，在法国举行的世界酱香菜评比会上，中国涪陵榨菜与德国甜酸甘蓝、法国酸黄瓜并称世界三大名腌菜。1981年，“乌江牌”榨菜被评为全国酱腌菜第一名，获国家银质奖。1988年，小包装改革获全国星火计划成果展览交易会金奖。1991年，“乌江牌”榨菜获意大利波伦亚举行的国际食品博览会金奖。“乌江牌”榨菜还获得第二届国际食品博览会“国际名牌酿造品”。“乌江牌”榨菜还被列入中共十五大“辉煌的成就”展览。目前，各式品牌的涪陵榨菜远销全国各大、中城市市场，并出口到日本、新加坡、韩国、俄罗斯、南非等20多个国家和地区。

## 第二节　浙江榨菜总体概况及发展趋势

浙江是我国榨菜两大主产区之一。榨菜作为传统的特色加工蔬菜，因其产量高、品质好、市场竞争力强而成为浙江重要的特色优势农产品，在浙江乃至全国都具有重要地位。浙江榨菜栽培方式主要有3种类型：浙北桑园套种，浙东海涂棉地、果园等间套作或稻畈田后作，浙南晚稻套作。其中，浙北、浙东为春榨菜生产区，浙南为冬榨菜生产区。近年来，浙江榨菜常年栽培面积稳定在 35 万亩左右，年产量 120 万吨，年加工量近 100 万吨，加工年产值 25 亿元以上。榨菜产业的持续稳定发展，为开发冬季农业、实现绿色过冬发挥了重要作用，促进了农业增效、农民增收。

### （一）浙江榨菜产业现状

**1. 特色优势区域化布局明显** 榨菜主产区分布在杭州湾两岸的桐乡、海宁，浙东的余姚、慈溪、上虞，以及浙南的瑞安、龙湾等县（市、区）。其中，前 5 个市栽培面积达 30 万亩以上，总产量近 100 万吨，分别占浙江榨菜栽培面积和产量的 80%以上，且产区种植连片集中，基地规模较大，重点乡（镇）生产面积在万亩以上，如余姚泗门、小曹娥、临山、黄家埠，上虞盖北，桐乡高桥等镇。

**2. 加工企业稳步壮大实力增强** 浙江榨菜加工整体水平较高，围绕原料生产基地，发展聚集了一批几百家的榨菜加工企业，桐乡、海宁、余姚、慈溪、上虞 5 个主产区的加工年产值达 20 多亿元，加工能力近 90 万吨，占浙江的 80%以上。一批骨干型榨菜加工企业，如宁波铜钱桥食品菜业有限公司、宁波备得福菜业有限公司、余姚富贵菜业公司、余姚国泰实业公司、浙江斜桥榨菜食品有限公司、桐乡南日蔬菜食品公司等已成为省、市农业产业化龙头企业，铜钱桥等企业年加工产值超亿元。

**3. 生产与加工技术比较先进** 浙江大学在全国较早开展榨菜品种选育工作，选育出浙桐 1 号等系列品种，近年来各地农技推广部门也积极开展品种选育，分别选出的适合当地栽培的优质高产良种，如桐乡的桐农 4 号、海宁的潮丰一号、余姚的缩头种、宁波市农业科学研究院的甬榨系列品种、温州的冬榨 1 号等品种。因地制宜地采用稻畈田、海涂地或桑园、果园地套种榨菜，形成多套适合当地的榨菜高产高效栽培模式，制定了一批无公害生产技术规程，浙江榨菜单产和品质都有了较大提高，浙江榨菜平均亩产量高达 3 000 千克。榨菜成品加工工艺方面实现榨菜成形排卤新工艺，榨菜加工流水线、高温杀菌设备和水净化设施得到普及，并简化规范加工工序，减少了加工过程中营养成分的损失，提高了成品的质量；产品包装已从传统的块形坛装为主逐步转到切丝（片）真空铝箔小包装的方便榨菜为主，极大地方便了运输、销售和食用，大大提高了原料产品的附加值。

**4. 产业化格局基本形成** 榨菜主产区依托加工龙头企业带动，形成了较强的辐射带动作用，榨菜产业产值连年大幅度增加。据业务调查，浙江直接或间接从事榨菜产业种植、加工、经销的从业人员达 30 万人以上，余姚、慈溪、上虞、桐乡 4 市的榨菜原料年产值分别近 1.2 亿元、0.5 亿元、0.7 亿元和 0.9 亿元，加工年产值分别突破或接近 12 亿元、3 亿元、1 亿元和 5 亿元，海宁作为榨菜加工主产区年加工产值也突破 5 亿元，浙江主要榨菜加工企业的原料订单生产已达到 35%左右。

**5. 品牌效应显现** 通过实施品牌战略，浙江榨菜全国市场占有率约 60%，产品占有率明显提升，整体规模及品牌知名度已经可与重庆涪陵榨菜相抗衡，在东北等部分地区市场及航空榨菜产品等方面的市场占有率、知名度全国领先，其中浙江榨菜加工重点地区余姚市的榨菜名牌产品市场覆盖度占 70%左右，产品销售份额占榨菜总销售量的 55%以上。“斜桥”“铜钱桥”“备得福”等一批浙江榨菜品牌知名度不断扩大，不少企业通过了 ISO 14000、HACCP 等质量管理体系认证，获得农业博览会金奖、浙江省农业名牌产品、国家级绿色食品等称号，余姚继被评为“全国榨菜之乡”后，2004 年又获得国家原产地标记证书，2006 年“余姚榨菜”获得证明商标。

**6. 浙南鲜食榨菜已形成一定规模** 温州瑞安等地采用晚稻套种冬榨菜，榨菜一般在 12 月底开始陆续上市，上市期比重庆涪陵地区还早，可一直采收到翌年 3 月中旬，主要为鲜食，价格高，3 月下旬后榨菜个头变大、鲜食品质下降，则主要作为加工原料腌制，实现“千斤粮、八千元钱”的高效益，榨菜生产方式和产品都比较有特色，已形成一定的市场规模，年栽培面积在1.5万亩左右。浙江大学、宁波市农业科学研究院、温州市农业科学研究院等单位近年来已组成科研团队，研发鲜食型榨菜新品种及配套栽培关键技术，有望取得突破，扩大冬榨菜生产规模和效益。

### （二）榨菜产业发展趋势及主要制约因素

浙江榨菜种植成本上升，效益不明显，面积产量萎缩，榨菜加工企业原料短缺，已成为浙江榨菜加工产业进一步做大做强的制约因素。据调查分析，由于方便榨菜消费需求量剧增，浙江榨菜加工产业快速发展壮大，企业对原料的需求呈刚性增长趋势。而榨菜基地老产区因劳动力成本偏高、种植比较效益低等因素影响，种植面积和产量徘徊不前，呈萎缩趋势。一进一出，浙江生产的榨菜原料满足不了加工企业需求，存在较大缺口，只能从重庆涪陵等外地调运，不但提高了企业生产成本，而且原料质量也难以保证。尤其是碰到自然灾害中的年份，榨菜原料缺口将继续加大，不少原料只能依赖外地调运，浙北地区海宁、桐乡榨菜原料本地供应自给率更低。浙江加工企业收购成本增大，已没有优势，因而建立本省的榨菜原料基地仍具有重要意义。

**1. 榨菜原料生产产业化程度不高、效益波动大，总量不足，成为制约榨菜产业发展的关键因素** 当前，榨菜生产上存在“病（病毒病）、空（空心）、抽（先期抽薹）、冻（冻害）”等突出问题，榨菜生产无公害标准化技术到位率不高，导致榨菜减产、甚至绝收，给榨菜生产造成较大威胁。浙江榨菜生产主要以千家万户自发种植为主，订单率不高，不同年份价格波动较大，抵御市场风险能力弱，效益高的年份亩收益可达1 000元以上，但不少水稻后作田得不到充分的利用而成为冬闲田、季节性抛荒田。

**2. 受比较效益影响面积萎缩** 榨菜与油菜等大田作物相比收益要高，但劳动力成本高，因而尽管各级政府重视，保护农户种植效益而出台收购保护价、冬种补贴等政策，但海宁、慈溪等经济较发达地区农户的种植积极性仍不高。相反，重庆涪陵等榨菜老产区及江苏、湖南等榨菜新产区则由于受比较效益拉动，榨菜种植面积不断扩大，发展速度很快，浙江不少加工企业直接到外省建立榨菜原料生产基地和加工厂房，就地加工销售，与浙产榨菜竞争市场，对浙江榨菜产业发展带来较大压力。

**3. 价格波动大，挫伤农户积极性** 价格大起大落不利于产业的健康发展，菜农的生产积极性将受到打击，种植面积必将大幅度减少，则企业原料得不到保障，导致“双输”格局。

## （三）发展对策

建立稳定、充足的无公害榨菜原料生产基地，既是满足榨菜企业需要、促进榨菜加工产业大发展的内在需求，也是充分利用光温土地资源，实现冬闲田绿色过冬、减少冬季抛荒、增加农民收入的有效途径。建议进一步加大政策扶持力度，从建设高标准的榨菜基地和组织技术攻关解决技术难题两方面着手，提高榨菜产业组织化程度，提升产业整体素质。

**1. 优化和调整榨菜生产区域布局** 加大“三园套种”、菜稻轮作等新型农作制度榨菜基地建设力度，结合各地实际，扩大应用规模，如浙南水稻套种榨菜，浙北桑园套种榨菜，浙东葡萄园、桃园、梨园及浙西水稻后作田榨菜，充分利用光温土地资源，实现绿色过冬、增加农民收入的发展潜力和空间很大。通过政策扶持引导，土地（水稻后作田）季节性转包，适度规模经营，提高生产效益，加大开发力度。鼓励榨菜加工企业建立紧密型基地，引导规模榨菜加工企业采取“公司＋基地＋农户”的产业化经营方式，实行订单种植，提高产业化组织程度，规避风险，避免榨菜生产的大起大落，力争重点加工企业的订单生产能达到80%以上。

**2. 研究集成示范推广榨菜轻简化生产提质增效技术，提高效益** 研究完善适合当地的高效栽培模式及配套栽培技术，因地制宜，通过适当推迟播种、防虫网覆盖培育无病壮苗、适当提高种植密度、增施磷钾肥、综合防治病毒病等病害、适期采收等无公害综合栽培技术措施，提高技术到位率，基本解决生产中存在的“病毒病、空心、先期抽薹、冻害”等制约因素，提高榨菜加工原料的产量和品质。针对近年来生产成本日益增加、效益不高的现状，重点研究集成示范榨菜机播直播、机收等轻简化生产技术，降低榨菜播种育苗移栽、采收等作业环节的劳动力成本，示范穴盘育苗、机器移栽等新技术，稳步提高规模主体生产效益。

**3. 加大对榨菜产业扶持力度，加强行业自律，促进产业健康发展** 榨菜是浙江的传统特色优势产业，种植面积大，加工企业多，牵涉的菜农多，影响面也大。建议适时组织相关专家调研，或召开研讨会或现场考察，提供各榨菜主产区相互交流的机会，摸清行业家底和存在问题，联合攻关解决制约因素，提出发展对策，并争取能出台相应的扶持政策。在有关项目方面给予资金扶持，在展会、品牌建设等方面积极创造机会，促进榨菜产业健康发展。加强行业自律，提高组织化程度，实行订单生产，企业以合理的保护价收购农户的榨菜，不盲目抢购抬高或压低打压原料价格，规避风险，较好地维护企业和农户的双方利益，促进榨菜加工产业的发展，实现“农户得益、企业满意、政府放心”的三利局面，是促进榨菜生产稳步健康发展的必然之路。

## 第三节 浙江东部榨菜产业概况

浙江东部榨菜产区主要包括余姚、慈溪、上虞等地，其中余姚榨菜最为出名，产业化程度最高。余姚是宁绍平原的中心。南部为四明山区，中部为姚江冲积河谷平原，北部为钱塘江、杭州湾冲积平原。余姚榨菜主要集中在濒临杭州湾的泗门、小曹娥等乡（镇）。1995 年，被农业部命名为“中国榨菜之乡”。2003 年，“余姚榨菜”获准使用“原产地注册标记证书”。2007 年，获准使用“地理标志证明商标”。目前，余姚种植榨菜的面积约 10 万亩，总产量在 35 万吨以上，是余姚茭白、杨梅、茶叶等十大主导产业之一。榨菜鲜头在余姚能创出超过 17 亿元的产值，带动生产加工农户 6 万余户。依托榨菜生产加工工艺，余姚榨菜加工企业还开发出萝卜、酸菜、刀豆、海带、竹笋等 30 多种菜品。同时，榨菜原料配给、机械加工、物流运输、包装印刷等相关行业，随着余姚榨菜的创新发展同步壮大。作为浙江省示范性农业全产业链——余姚榨菜，涵盖“从田间到餐桌”的各个环节，实现一二三产融合发展，展示出“长链善舞”的威力。在 2015 年度中国榨菜十大品牌评选中，余姚的“备得福”“铜钱桥”和“老阮”榨菜分别列第四位、第六位、第十位，显示出强劲的市场竞争力。随着榨菜生产的发展，榨菜种植大户越来越多，榨菜机械化直播的面积越来越大。一些新型的播种机器、移栽机器和除草机器等现代化设备应用于榨菜生产，对榨菜产业的转型升级起到了很好的作用。余姚榨菜机械直播技术非常成熟，目前已在余姚广泛推广，占到总播种面积的 75%。在榨菜耕作全程机械化、全面推广机械直播技术的基础上，余姚农机部门将进一步完善相关技术，推进榨菜机械收获，努力使余姚榨菜生产实现耕-种-收全过程机械化作业。

与此同时，榨菜加工厂的“机器换人”也紧锣密鼓进行。早在 10 多年前，余姚榨菜就开始推广全新加工工艺，并在全国率先引进“巴氏杀菌”工艺，在延长榨菜保质期的同时，确保了产品的安全和品质。从鲜头产值 3 亿元到产品产值 17 亿元，这是余姚榨菜“对接二产”后带来的巨大提升。产业的发展也给农民带来了更大的收益，形成了良性循环。余姚朝阳榨菜厂是余姚第一家引进“巴氏杀菌”法的榨菜企业，也是余姚最早进军国际市场的农业龙头企业之一，生产的“龙山牌”系列榨菜早在2005年就在美国注册FDA认证。近年来，该厂克服了宏观调控、资源紧张、市场制约、自然灾害等多种不利因素的影响，保持了良好的发展态势。2014年，该实现销售2 400多万元，其中出口160多万美元，同比分别增长15%和21%。截至目前，余姚50%以上的榨菜企业对原来的压榨、脱盐、拌料等工艺和灌装、真空等工艺的生产流水线进行“机器换人”改造。通过技术改造，原来的半自动和纯人工操作生产的流水线全部转变成为全自动智能化操作流水线。通过“机器换人”，不但企业的生产员工比原来减少了八成，而且日产量也增加了两成以上。这些都为企业进一步提高生产效率，稳定产品质量，减少生产回料的浪费，降低管理成本，进而提高企业综合竞争能力和盈利能力等，奠定了坚实的基础。

榨菜在上虞蔬菜生产中面积、总产量和总产值均位居第一。榨菜总产值占蔬菜的比重2000年为12.90%，2001年为8.25%，2002年为8.70%左右，2003年为8.86%，2004年在8.08%左右。上虞榨菜常年种植面积稳定在5万亩左右，总产量在12万吨左右，以确保上虞市内外榨菜加工企业的需求。可加工半成品8万吨，成品4万吨以上。上虞2004年加工榨菜的大小企业共90余家，年加工能力8万～10万吨，消耗鲜榨菜12万吨左右（表2-1）。其中，有年产值500万元以上企业1家，加工能力1万吨；年产值200万～500万元的企业7家，加工能力2万吨左右；年产值100万元的企业28家，加工能力3万吨左右；100万元以下企业57家，加工能力近3万吨。主要加工品种：①坛装榨菜；②小包装整个榨菜；③小包装片、丝；④真空小包装鲜辣等多种口味系列产品。

**表 2-1 上虞榨菜生产及加工情况**

| 项目 | | 年度 2003—2004 | 年度 2004—2005 |
|---|---|---|---|
| 生产情况 | | | |
| 栽培面积（亩） | | 65 000 | 42 000 |
| 主栽品种 | | 浙桐 2 号、浙桐 3 号、浙桐 1 号、荸荠种、菠萝种等 | 浙桐 2 号、浙桐 3 号、浙桐 1 号、荸荠种、菠萝种等 |
| 主要分布乡（镇） | | 盖北、沥海、松厦、谢塘、围垦局等 | 盖北、沥海、松厦、谢塘、围垦局等 |
| 平均亩产量（千克） | | 2 750 | 2 340 |
| 总产量（吨） | | 178 750 | 98 280 |
| 总产值（万元） | | 7 150 | 4 000 |
| 加工出口情况 | | | |
| 加工规模（吨） | | 89 000 | 50 000 |
| 农户初加工情况 | 产量（吨） | 29 000 | 20 000 |
| | 产值（万元） | 2 100 | 1 500 |
| 企业加工情况 | 产量（吨） | 60 000 | 30 000 |
| | 产值（万元） | 3 530 | 1 800 |
| 主要加工企业名称、品牌 | | 海味（宏津牌）、范师傅（范师傅牌）、农发（农发牌）、盖山（大地牌） | 海味（宏津牌）、范师傅（范师傅牌）、农发（农发牌）、盖山（大地牌） |
| 原料来源（吨） | 本地收购 | 178 750 | 98 280 |
| | 其中订单生产 | 125 000 | 70 000 |
| | 外地采购 | 0 | 0 |
| 企业出口情况 | 产量（吨） | 200 | 0 |
| | 产值（万元） | 160 | 0 |

上虞榨菜目前存在的主要问题有：农户选用品种单一，造成采收季节集中，影响品质和效益；生产用种大多来自余姚、萧山的农户自留种，当地无良种繁育基地，种子数量、质量难以保障；榨菜杂交种更是缺乏。以海涂为主的榨菜生产基地，种植农户来自不同乡（镇），统一集中管理难度大，导致标准化生产技术普及缓慢。当地加工企业规模不大，加工能力弱。2004 年，拥有加工能力 8 万～10 万吨，可消耗鲜菜 12 万吨左右，仅占 67%，而实际有 70%以上的原料（包括半成品）当地无法消化。缺乏名品名牌，市场竞争力不强。

针对以上问题，应该采取的对应措施有：搞好品种搭配，延长采收时期，提高品质和效益；加快良繁基地建设，为当地菜农提供优质良种；有关乡（镇）农技部门要加强当地菜农的指导和服务，加大对标准化技术的宣传、培训和推广力度。重点扶持和培育榨菜加工龙头企业，形成万吨级规模以上加工企业 2～3 家，提高产地自我消化能力；培育发展名品名牌，提高市场竞争力。

## 第四节　浙江北部榨菜产业概况

浙江北部的榨菜产区主要是嘉兴地区的桐乡、海宁，其中桐乡面积最大。这个区域的榨菜是浙江榨菜的发源地，历史悠久，文化底蕴深厚。浙江种植榨菜始于 20 世纪 30 年代。据记载，1931 年海宁城斜区仲乐乡王家石桥农民钱有兴与钱祖兴二人首次从四川引进试种。1936 年，海门南货商人周叙三也向四川引进榨菜种子和加工技术。由于两地气候和地理条件的差异，经自然和人工选择及技术改造，形成了与四川不同的榨菜生态类型，以及栽培技术和加工工艺。在 2015 年度中国榨菜十大品牌评选中，海宁龙桥蔬菜有限责任公司的“阿高”榨菜、海宁兴旺食品有限公司的“梅花”榨菜、海宁云楼食品有限公司的“云楼”榨菜、海宁的浙江斜桥榨菜食品有限公司的“斜桥”榨菜分别列第五位、第七位、第八位、第九位，显示出强劲的市场竞争力。桐乡榨菜具有鲜、香、嫩、脆的独特风味，产品畅销全国，并远销我国香港、澳门以及东南亚、西欧等地区。

自 1931 年桐乡南日顾家桥的顾金山等人从四川引入栽种以后，桐乡才开始有了榨菜。80 多年来，桐乡榨菜生产发展很快，目前以南日、史桥、高桥、屠甸、百桃等地种植最多，出口新加坡、马来西亚以及我国香港、澳门等地。桐乡市高桥镇作为全国榨菜的三大主产地之一，通过 80 多年的品牌打造，榨菜加工年产值逾 2 亿元，榨菜食品在国内市场占到约 25%的份额。桐乡最近 3 年榨菜种植面积稳定在 5.5 万亩左右，病害发生轻，产量维持在较高水平，但由于有些年份收购期间遇持续大雨，质量有所下降；同时，由于管理部门对蔬菜生产厂家治污要求提高，部分企业关停，生产企业压力增大，但价格相对稳定，效益尚好。2014—2015 年，桐乡农业主管部门在榨菜行业推行榨菜净菜（光菜）收购，制定榨菜（光菜）采收标准，联合技术监督、环保、工商、加工蔬菜产业协会，通过电视、广播、报纸及张贴标准等广泛宣传动员，以及行业协会巡查督查，增强菜农质量意识，榨菜投售净菜率大大提高，企业用盐量显著减少，卤水、下脚料相应减少，减少了环境污染，同时有效降低企业生产成本，提高了产品质量，实现了多赢局面。根据“五水共治”和榨菜加工企业行业整治要求，桐乡市榨菜行业协会继续将推行全行业统一收购净菜，预计净菜收购保护价每千克在 10.8 元左右。

截至 2012 年底，海宁榨菜企业共 31 家，其中龙头企业 15 家，规模以上企业 3 家，年总产值 3 亿多元，拥有“斜桥”“云楼”2 个中国驰名商标，榨菜种植面积 2.5 万亩左右，年产量超过 10 万吨，只能满足本地加工企业 20%的原料需求量，缺口的鲜榨菜主要从四川、重庆以及浙江的余姚、慈溪、桐乡等地调入。海宁的榨菜鲜头 90%以上采用与农户签订“公司+农户”的订单农业模式，基本实现了产、加、销一条龙，“斜桥”“海桥”“云楼”“阿高师傅”“小老板”等品牌在市场上已有较高知名度和份额，有 15 个加工蔬菜产品分别获得浙江省农业博览会优质、名牌农产品称号。

目前，浙江北部的榨菜生产存在种植面积和产量在不同年份间变动较大。2016 年的桐乡榨菜生产，由于自 2015 年 11 月起遇到连续的阴雨，导致榨菜秧苗生长较差，且榨菜移植困难，特别在是水旱轮作种植的，因晚稻无法收割或烂水田无法种植榨菜，减少量很多，桑园套种则略好，致使种植面积大幅下降，仅有 4 万亩左右，比往年减少 25%以上。进入 2016 年，桐乡遇到极端低温，1 月 20 日起出现连续阴雨雪天气，在 1 月 24～25 日最低气温急剧下降至－8℃左右，由于榨菜抗寒性较好，基本不至于冻死，但低温对外围功能叶影响较大，不同程度地发生冻害，植物本身的组织和器官损伤较大，且前期低温多雨本来生长就差，榨菜生长受阻，进入 3 月气温上升较慢，瘤状茎膨大时间拉长，榨菜的采收时间则有一定程度的推迟。由于面积、单产均有下降，总产量下降 40%左右。另外，由于产业发展的总体要求，蔬菜加工企业属于重点污染源之一，属于限制性发展产业，最近几年加工蔬菜生产面积略有减少、加工销售总体下滑。目前，榨菜销售市场基本稳定，多数加工企业半成品榨菜库存量虽比往年略有减少，半成品榨菜市场价平均价格每千克 1.2 元左右，处于正常水平。

## 第五节　浙江西部榨菜产业概况

近年来，浙江江山农业主管部门从“开发冬闲田蔬菜，增加农民收入；发展榨菜加工，对接产业转移”的高度出发，认真贯彻实施“榨菜西进”战略，积极推动榨菜产业稳定发展。2015—2016 年，江山种植冬榨菜 1 458 亩，实现总产量 1 895 吨，种植春榨菜 3 546 亩，实现总产量 10 638 吨；在大桥镇、峡口镇、石门镇建立榨菜高产示范片 3 个，示范面积达到 413 亩。截至目前，江山已建成榨菜水泥硬化腌制池 200 立方米、榨菜简易腌制池 920 立方米，购制榨菜切片切丝机 1 台、榨菜真空包装机 1 台，初步建成年加工能力 500 吨的榨菜加工厂 1 个；成立榨菜专业合作社 1 家，江山榨菜规模化、产业化、组织化水平得到全面提升。2012 年 5 月至 2016 年 12 月，先后实施了浙江省农技推广基金会“江山市榨菜水稻轮作新型种植模式示范推广”项目和江山市农业综合开发“‘两菜一粮’周年高效栽培技术示范推广”“稻菜轮作循环高效生产技术示范推广”项目 3 个，投入项目资金 60 万元，在大桥镇大力推广榨菜高效栽培；同时，为调动和鼓励农户种好榨菜，增强辐射带动能力，项目实施单位还结合项目实施要求，对农户提供一定的物化补贴，对集中育苗、有机肥、榨菜种子等进行适当补助，有效地促进了江山榨菜产业的发展。2012—2016 年，江山每年都在市内建立 2 个或 2 个以上的示范基地，并在示范基地内设立试验示范田，开展榨菜高产高效栽培技术及榨菜-水稻轮作高产高效栽培技术的试验示范工作，安排技术员蹲点示范基地，重点在育苗、移栽、施肥等关键环节开展技术指导，把握好播种时间、移栽密度、施肥时间及用量等技术措施，为榨菜、水稻丰产奠定基础。通过示范基地建设，为周边农户提供可看可学的示范样板。截至 2015 年底，江山已有百亩以上水稻生产大户 110 户，承包土地面积 3.8 万亩。近年来，江山榨菜主管部门着力引导种粮大户开展榨菜-水稻轮作栽培。这样不仅能为农民增加一季收益，提高粮田产出效益；而且可熟化土壤，保持良好的土壤耕作性；还可利用榨菜采收后的茎叶还田，培肥地力，显著减少后茬作物种植的施肥量，保护粮田生态环境。因而在大户中推广榨菜-水稻轮作栽培对减少江山冬闲田面积、促进粮食战略产业和蔬菜主导特色产业发展、带动产业提质增效、增加农民收入方面都具有很大的促进作用。近 5 年来，江山利用培训班、现场会、广播会、科技集市、新闻媒体等形式，突出重点抓培训，提高技术到位率，先后邀请浙江省农业厅、浙江大学、衢州市农业科学研究院等专家下基层指导，对乡（镇）农技员、种植大户进行专门培训，收到了较好的效果。据不完全统计，自2012年以来，累计举办市、乡（镇）两级技术培训班20多期，培训农民1 600多人次。同时，江山农业技术人员经常性深入到所负责的乡（镇）和大户进行点对点、面对面指导，切实保证技术指导的到位率。但也存在一些问题：①效益不稳定，影响农户种植积极性。由于江山榨菜产业缺乏有实力的榨菜加工企业，要进一步扩大应用面积，做大做强江山榨菜产业，还需要解决因春榨菜加工能力严重不足而导致的榨菜销售单价不高、种植榨菜比较效益偏低、年度间效益波动较大的实际问题。②机械化水平低，难以提升百亩以上规模种粮大户的榨菜种植积极性。江山百亩以上规模种粮大户都拥有耕田机、起垄机、植保机等机器设备，机械化水平较高，在水稻生产中已基本实现机械化生产。但由于目前榨菜在播种、采收等环节无法实现机械化作业，使得种粮大户相关机械无法接着在榨菜生产上应用，这一方面造成了百亩以上种粮大户机械的无效闲置，另一方面又制约了榨菜产业的大规模发展。

针对以上问题，榨菜产业要实现可持续发展，可以采取以下措施：①引进榨菜直播、机收等轻简化栽培技术，着力在百亩以上规模种粮大户推广榨菜直播、机收等轻简化栽培技术。②继续引进适宜江山栽种的榨菜新品种。目前，浙江省内榨菜优良品种的育种企业起来越少，经过品种比较试验确定的适栽品种难以找到供种企业，因而有必要重新引进适宜的榨菜品种，以促进江山榨菜品种的更新换代。③加大产销对接及招商引资力度，充分发挥资源优势，引进或培育一批榨菜规模种植大户和加工企业，促进榨菜产业的稳定发展。

# 第三章 榨菜应用基础研究概况

植物种质资源是发展农业生产、开展作物育种和进行生物技术研究的物质基础。榨菜和其他作物一样，其突破性的育种成就取决于关键性基因资源的开发与利用。研究和探讨榨菜的起源与进化对于发掘具有特异优良性状的宝贵种质资源（如野生种）具有重要的意义。而对榨菜的起源与进化研究，不但有助于改进榨菜的生产和加工，而且对榨菜的遗传研究、品种选育尤为重要。

榨菜，其特点是茎基部发生变态，着生若干瘤状凸起，形成肥大、柔嫩多汁的瘤状茎，于18世纪中叶以前起源于我国四川盆地东部长江沿岸，是我国特有的鲜食和加工蔬菜，以瘤状茎为主要经济收获物。至20世纪初期，仅局限于四川境内栽培。20世纪30年代引入浙江地区，经过不断地人工选择，培育出了适合浙江地区自然条件的另一生态型品种。目前，国内大规模商品化栽培主要集中在四川、重庆、浙江、湖南等地。国外无榨菜栽培，因此榨菜的研究报道绝大部分只见于国内。研究榨菜的起源与进化对榨菜的遗传育种与种质资源的创新具有重要意义。

## 第一节 榨菜起源和进化概况

榨菜，学名茎瘤芥（*Brassica juncea* var. *tumida* Tsen et

Lee）为双子叶植物，十字花科，芸薹属，芥菜种的变种，属于茎用芥菜类型，在我国长江流域种植，其加工产品蜚声海内外，与德国甜酸甘蓝、法国酸黄瓜并称世界三大名腌菜。对芥菜物种起源的研究，早在20世纪30年代就已经有所开展。其中，最为经典和著名的是Nagaharu U（1935）提出的“禹氏三角”理论（图3－1），即芥菜（*Brassica juncea*）是由白菜（*Brassica campestris*）与黑芥（*Brassica nigra*）远缘杂交后自然加倍形成的异源四倍体（$2n=4x=AABB=36$）。

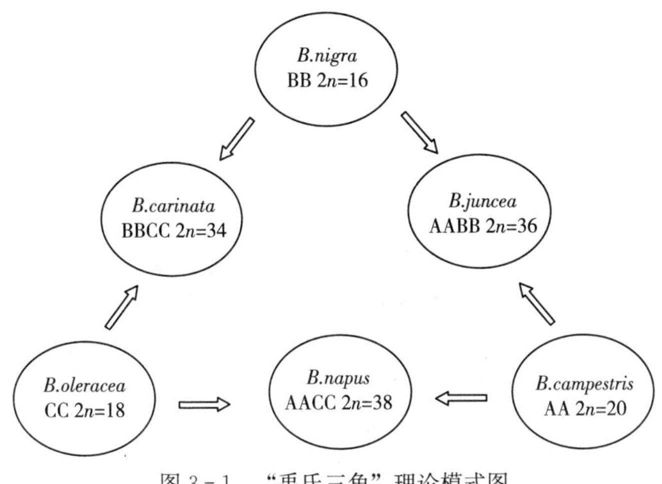


图3－1　“禹氏三角”理论模式图

自20世纪50年代沃森和克里克提出DNA分子的双螺旋结构模型以来，分子生物学作为生物学的前沿学科逐渐受到科学家的重视。许多学者从分子水平对芥菜起源与进化做了大量的研究与探索。Song等（1988）对芸薹属进行限制性片段长度多态性（restriction fragment length polymorphism，RFLP）分析表明，芥菜有可能起源于甘蓝物种。二者的cpDNA的RFLP片段极为相似，而双二倍体与母本更相似，如芥菜的所有类型均与白菜具有相似的RFLP类型。在芥菜物种进化途中，来自于白菜的A

核基因组被完整地保存下来，而来自于白菜的 B 核基因组却发生了极大的变化。此外，在 DNA 水平上，也发现了芥菜和白菜具有平行变异的特征。由于白菜有可能起源于甘蓝，因此，芥菜甚至带有甘蓝物种变异的特征，这与 3 个物种之间形态上所表现的平行变异是对应的。Axelsson 等（2000）构建了两个基于 RFLP 标记的连锁图谱，一个是由两个栽培芥菜品种杂交而产生的，另一个是一个芥菜栽培品种和一个合成的芥菜新种杂交而产生的。两者都表现出很好的共线性，而且与二倍体亲本种的图谱也存在共线性。其实验结果并不支持芥菜基因组多倍体化以后，原来亲本物种的二倍体基因组结构发生了迅速的变化这一推论。我国的芥菜栽培拥有悠久的历史，齐晓花（2009）以中国特有的芥菜为材料，利用基因组原位杂交（genomic in situ hybridization，GISH）、核糖体 DNA 中的内转录间隔区（internal transcribed spacers，ITS）序列变异、两个叶绿体非编码区 trnL-F 和 trnL 序列变异以及 AFLP 分子标记对芥菜的起源和系统进化进行了分析。其研究结果再次证实了白菜和黑芥是异源四倍体中国芥菜和印度芥菜的原始亲本，母本是白菜而父本为黑芥，并且两套基因组的同源性比较低。A、B 基因组不同的分布模式说明，两套基因组在芥菜进化过程中有着不同的进化途径，其差异不仅仅是量上的差别。结合前人关于细胞学和分子生物学的研究，推测 B 基因组相对较早地从原始十字花科基因组中分化出来。此外，中国芥菜和印度芥菜的分化时间差别不大，推测两者在进化上是几乎平行的。以 16 个形态差异显著的不同变种中国芥菜与芥菜的原始亲本（黑芥和芸薹）为研究材料，通过对其 ITS 序列变异进行分析表明，由于不同的亲本重组方式使中国芥菜的进化过程发生了不同方向的协同进化，推测芸薹类型的中国芥菜杂种在形成过程中与芸薹类亲本反复回交，而黑芥类型的中国芥菜在杂种形成中不断与黑芥发生回交，最后逐渐形成稳定的以 A、B 基因组为主的芥菜类型。利用 AFLP 分子标记对中国芥菜的16个变种材料以及3个芸薹种材料和1个黑芥材料进行系统分类分析，其结果与传统的形态分类有很大的分歧，表明芥菜在经过长期的栽培和驯化后，其表现型已经发生了很大的变化，仅仅以形态学进行分类已不能真实地反映整个芥菜家族的进化历史和亲缘关系。

关于芥菜的地理起源中心，国内外许多学者进行了长期的研究和探索，提出了不同的观点。近年来，生物化学、细胞遗传学和分子生物学证据等逐渐证明芥菜有多个地理起源中心，芥菜的亲本类型在这些地理起源中心有重叠分布。Vaughan、Gordon（1973）对芥菜进行了层析、电泳及血清学分析，发现来源于远东的材料（包括中国叶芥类型）通常只含有挥发性的烯丙基异硫氰酸盐（AITC），而来源于印度的材料含有3-丁基异硫氰酸盐（BITC），或含有AITC和BITC的混合物（以BITC为主）。对这些材料的蛋白质光谱进行分析表明，来源于远东的芥菜材料含量变异范围为38%～91%，而来源于印度的芥菜材料含量变异范围是25%～100%。根据上述研究结果，Vaughan将芥菜划分为远东系统和印度系统。但其研究没有涉及中国芥菜的大多数变种。Song（1988）利用RFLP分子标记对芸薹属植物的起源进化进行研究，结果表明芥菜有两个起源中心：①中东和印度地区是油用芥菜的进化中心；②中国是芥菜朝叶芥类型进化的中心。陈材林等（1992）研究表明，中国是芥菜物种的原生起源中心或起源中心之一，中国西北地区是中国的芥菜起源地，中国的栽培芥菜最早出现年代在公元前6世纪以前，是由原生中国的野生芥菜进化而来。刘佩瑛（1996）根据众多的进化研究，推断出了中国芥菜进化路径图（图3-2）。Yang等（2018）在广泛收集国内外芥菜核心种质资源基础上，综合运用进化生物学、基因组学等技术手段，从基因组水平上揭示了芥菜为单一起源，明确了芥菜的起源中心在中国，并计算出芥菜不同类群分化形成时间。

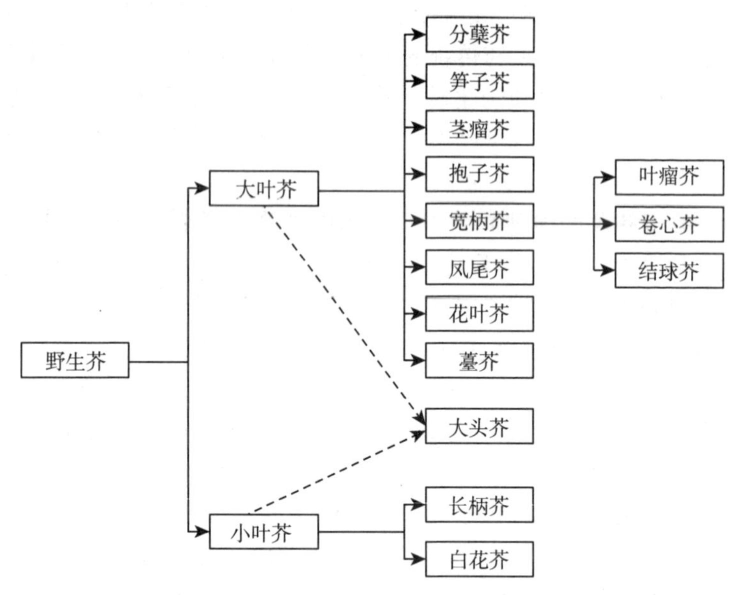


图 3-2　中国芥菜的进化途径（刘佩英，1996）

榨菜是茎用芥菜变种，清乾隆五十一年《涪陵县续修涪州志》中关于“青菜有苞有薹盐腌名五香榨菜”的描述是截至目前关于榨菜最早的记载，表明 18 世纪中叶以前在四川盆地的长江流域地区已经分化出榨菜。陈发波（2010）从全国收集的 133 份榨菜、8 份不育系、7 份父本系以及 72 份榨菜及其近缘植物为供试材料，采用表型鉴定和 SSR 分子标记对 133 份种质材料进行遗传多样性分析，根据地理来源将供试榨菜材料分成长江上游、长江中游和长江下游 3 个类群，并通过单拷贝核 *Chs* 基因序列分析榨菜及其近缘植物的系统发育关系，对榨菜的起源进化进行了初步探讨。基于表型和 SSR 分子标记的分析均表明，3 个类群遗传多样性水平从低到高的顺序为：长江下游＜长江中游＜长江上游。此外，基于 SSR 标记数据的主成分分析数据表明，长江中游榨菜基本位居 133 份榨菜种质特征根分布三维图的中心区域。据此，推测长江中游可能是榨菜的起源地或遗传多样性中心。基于单拷贝核 *Chs* 基因序列对榨菜及其近缘植物系统关系的分析显示，117 个 *Chs* 基因序列可分成 11 个分支。网状结构分析表明，榨菜及其近缘植物间不仅存在树状的进化关系，还大量存在非树状的进化史，在榨菜及其近缘植物进化史上存在较多的网状进化事件。网状支系分析表明，白菜可能是榨菜 A 基因组亲本的供体，黑芥可能是榨菜 B 基因组亲本的供体，榨菜可能是由白菜和黑芥杂交后产生的某种芥菜发生自然突变再经人工驯化选择产生的，但具体是由哪一种芥菜变种进化而来还需要做进一步的研究。Fang 等（2013）利用 SSR 分子标记技术对我国榨菜种质资源进行了遗传多样性分析，推测长江中游的重庆可能是榨菜的起源地或遗传多样性中心，在其传播过程中主要是以重庆为中心，沿长江流域向其上游和下游传播。许冬梅等（2014）采用根尖染色体压片技术对不同类型茎用芥菜（包括抱子芥、笋子芥和茎瘤芥）的染色体核型进行分析。结果表明，抱子芥染色体数目为 $2n=2x=36$，核型公式为 $2n=2x=12\mathrm{sm}+24\mathrm{m}$；笋子芥染色体数目为 $2n=2x=36$，核型公式为 $2n=2x=8\mathrm{sm}+28\mathrm{m}$；茎瘤芥染色体数目为 $2n=2x=36$，核型公式为 $2n=2x=2\mathrm{sm}+34\mathrm{m}$。不同类型茎用芥菜具有相似的遗传特性，都属于 2B 型小染色体，没有出现染色体条数的变化。多数染色体为中部着丝点，仅在核不对称系数、染色体长度、着丝点位置等核型组成上出现了细微的差异。核不对称系数依次为抱子芥＜茎瘤芥＜笋子芥，据此推测茎瘤芥和抱子芥可能是由笋子芥进化而来，属于笋子芥的变种。

物种的形成和种间、种内关系一直是生物学研究的中心问题之一。芥菜物种起源问题从 20 世纪 30 年代开始就有众多学者进行了研究。Morinaga（1934）提出芥菜［*Brassica juncea*（L.）Czern. et Coss.］是由 $n=8$ 的黑芥和 $n=10$ 的白菜天然杂交再自然加倍形成的异源四倍体（双二倍体），并已被 Ramanujam et Srinivasacher（1934）、Howard（1943）、Frandsen（1943）、

Olsson（1947、1960）、Srinivasacher（1965）等进行的芥菜人工合成试验结果所证实。这不仅标志着一个新的物种的产生，更重要的是所产生的新物种是异源多倍体，两亲本的全部遗传信息可以重新排列与组合的基因型数量几乎是无限的，较之其亲本变异的基因组更加广泛和复杂，在占领开放性生境方面比其亲本有更强的适应性。经过长期的自然和人工选择，芥菜类蔬菜演化出根用、叶用、茎用、薹用和籽用等极为丰富的变种和品种。根据史料推测（《左传》），在中国，芥菜这一物种在公元前6世纪至公元5世纪，仅形成单纯利用其种子做调味品的类型。而公元6世纪至今，在形态建成的各方面都发生了巨大的变化。可以说，芥菜这一物种在人类有意识的参与下处于不断的变异、演化和发展中，即人工进化过程。它与自然条件下生物进化的机制是相同的。由于人为的干预，芥菜的根、茎、叶、薹、花均发生了频繁、强烈而多向的变异。

榨菜学名茎瘤芥，属于双子叶植物十字花科芸薹属芥菜种的一个变种，由于榨菜加工时通常是采用压榨法来榨出水分，所以人们将其产品称为“榨菜”。榨菜一词，最早始见于1898年中国四川涪陵（今重庆市涪陵区），时称“涪陵榨菜”。清道光二十五年（1845年），《涪州志·物产》将其归属于青菜之中。说明18世纪中叶以前在四川盆地的长江沿岸地区已经分化出榨菜。1936年，毛宗良将榨菜变种定名为 *Brassica juncea* var. *tsatsai*。1942年，曾勉和李曙轩将榨菜重新命名为 *Brassica juncea* var. *tumida* Tsen et Lee。吴耕民（1957）在其主编的《中国蔬菜栽培学》中，将芥菜分为大叶芥种（*B. juncea* Coss）和小叶芥种（*B. ceruna* Forbes et Hemsl）。其中，大叶芥种包括了 *B. juncea* var. *napiformis* Paill et Bois（大头芥）、*B. juncea* var. *tsatsai* Mao（榨菜）2个变种。李家文（1961、1980）在其主编的《蔬菜栽培学》中，将芥菜种以下分为6个变种，即：*B. juncea* var. *napiformis*（根用芥菜）、*B. juncea* var. *tsatsai*

Mao（茎用芥菜）、*B. juncea* var. *rugosa* Bailey（大叶芥）、*B. juncea* var. *lapitali* Li（宽柄芥）、*B. juncea* var. *capitata* Hort ex Li（结球芥）、*B. juncea* var. *crispifolia* Bailey（花叶芥）。陈世儒（1982）在《芥菜在中国的起源和分化》一文中，提出了中国四川是芥菜许多重要变异类型的分化中心，并将芥菜种分为8个变种，即：*B. juncea* var. *rugosa*（大叶芥）、*B. juncea* var. *multisecta*（花叶芥）、*B. juncea* var. *strumata*（瘤叶芥）、*B. juncea* var. *capitata*（包心芥）、*B. juncea* var. *multiceps*（基部分枝芥）、*B. juncea* var. *tsatsai*（榨菜）、*B. juncea* var. *scaposus*（芽芥）、*B. juncea* var. *napiformis*（根芥）。周太炎（1987）在其主编的《中国植物志33卷》中，将芥菜分8个变种，即 *B. juncea* var. *megarrhiza* Tsen et Lee（大头芥）、*B. juncea* var. *multisecta* Bailey（多裂叶芥）、*B. juncea* var. *tumida* Tsen et Lee（榨菜）、*B. juncea* var. *multiceps* Tsen et Lee（雪里蕻）、*B. juncea* var. *juncea*（芥菜原变种）、*B. juncea* var. *gracilis* Tsen et Lee（油芥菜）、*B. juncea* var. *crispifolia* Bailey（皱叶芥）、*B. juncea* var. *foliosa* Bailey（大叶芥菜）。20世纪80年代前期，芥菜育种家杨以耕、陈材林等人经过进一步的研究和鉴定，将榨菜原料的植物学名称确定为茎瘤芥，仍沿用过去曾勉和李曙轩教授的拉丁文命名。目前，榨菜的两个学名 *B. juncea* var. *tumdia* 和 *B. juncea* var. *tsatsai* 均有采用。一般认为，榨菜最初是由野生芥菜（*Brassica juncea*）进化而来，其进化次序是野生芥菜→大叶芥（*B. juncea* var. *rugosa* Bailey）→笋子芥（*B. juncea* var. *crassicau* Lischenetang）→茎瘤芥（*B. juncea* var. *tumida* Tsen et Lee）。

榨菜是中国的特色蔬菜，中国的农业科技工作者对榨菜的起源和进化进行了大量的研究。长江师范学院的研究人员采用根尖染色体压片技术对榨菜、笋子芥和抱子芥等不同类型的茎用芥菜的染色体核型进行分析，结果发现，榨菜染色体数目为 $2n=$

$2x=36$，核型公式为 $2n=2x=2sm+34m$；笋子芥染色体数目为 $2n=2x=36$，核型公式 $2n=2x=8sm+28m$；抱子芥染色体数目为 $2n=2x=36$，核型公式为 $2n=2x=12sm+24m$。不同类型茎用芥菜没有出现染色体条数的变化，都属于小染色体，多数染色体为中部着丝点，都属于 2B 型；仅在染色体长度、着丝点位置、核不对称系数等核型组成上出现了细微的差异，说明不同类型茎用芥菜间具有相似的遗传特性。核不对称系数依次为笋子芥>茎瘤芥>抱子芥，据此推测抱子芥和茎瘤芥可能是由笋子芥进化而来。

## 第二节　榨菜起源和进化的分子生物学进展

为探讨我国榨菜的起源、进化，长江师范学院的陈发波等人克隆、测序了 30 份榨菜及其近缘种的 c 协基因序列，并构建系统发育树、系统发育网络及网状支系结构。结果表明，系统发育树将榨菜及其近缘种 c 协基因序列分成 3 个亚支、9 个支系。系统发育网络分析结果表明，榨菜与其他芥菜变种之间不仅存在树状的进化关系，还大量存在非树状的进化史。网状支系分析结果表明，伊犁野生油菜可能是榨菜 A 基因组的供体，黑芥可能是榨菜 B 基因组的供体。榨菜为芸薹属芥菜种的一个变种，与薹芥的亲缘关系较近，可能是由薹芥进化而来。单拷贝的 *Chs* 基因可作为一个理想的候选基因，用于榨菜及其近缘植物多倍体系统发育关系的研究。浙江大学蔬菜研究所在榨菜起源研究方面做了大量的工作，采用二代（Illumina）、三代（PacBio）、光学图谱（BioNano）和遗传图谱的组合方法，首次完成了异源多倍体榨菜的高质量基因组图谱，从基因组水平上估算出芥菜物种形成于约 5 万年前，演化成菜用和油用芥菜两个主要类群。揭示了多倍体芥菜亚基因组间同源基因表达差异以及选择造成菜用和油用芥菜类群分化的遗传机制。浙江大学蔬菜研究所还构建了榨菜高密度遗传图谱，该遗传图谱有 18 个连锁群，共 5 330 个 bin 标记，包含了 1 323 826 个单核苷酸多态性（SNP）标记，总遗传距离 2 855cM，标记平均遗传距离为 0.8cM，是目前国内外已报道的最高密度的芥菜遗传图谱。通过全基因组测序和组装，获得了榨菜高质量全基因组信息，榨菜基因组大小在 920Mb 左右，共编码 8 万多个基因。在此基础上，通过芜菁花叶病毒病（TuMV）病原接种，筛选鉴定到抗 TuMV 芥菜种质 6 份。通过构建遗传分离群体，遗传分析表明，芥菜抗 TuMV 为 1 对隐性基因调控的隐性抗性性状。基于榨菜全基因组信息和高密度遗传图谱，成功定位到榨菜抗 TuMV 基因。基于抗性基因开发了榨菜抗 TuMV 分子标记，建立了榨菜抗 TuMV 分子育种技术体系。通过杂交、回交结合抗 TuMV 分子标记辅助选择，创制了系列抗 TuMV 榨菜、雪里蕻优异种质。榨菜全基因组信息的解析，为芥菜类蔬菜作物重要性状功能基因的发掘奠定了基础，推动了芥菜类蔬菜种质创新。

## 第三节 榨菜相关的生理、细胞及分子相关机理研究进展

榨菜瘤状茎的形成，首先要求植株本身已有一定的营养生长，一般至少必须有 5 片真叶，即一个叶环以上，这是必备的条件。而起决定作用的环境条件是温度，榨菜在 15℃以下的温度环境中瘤状茎开始膨大，其膨大的最适温度为 8～13.6℃，12 小时左右的光照能促进其膨大。

### 一、榨菜瘤状茎生理机理研究

国内的研究结果一致表明，榨菜瘤状茎的形成是由光周期和温度共同控制的，而高温和长日照都会抑制瘤状茎的形成。在短

日照条件下，能够满足瘤状茎形成的温度稍有升高，而在满足茎膨大生长的光周期条件下，低温则可能促进瘤的突起。细胞分裂素类物质对瘤状茎的膨大起促进作用。GA、ZRs、BA等内源激素参与了榨菜瘤状茎膨大的调控，光周期很可能通过调节这些激素在榨菜内部的平衡，从而影响了瘤状茎的膨大。

瘤状茎膨大过程中解剖学结构的变化。研究发现，瘤状茎膨大主要归因于皮层、髓部细胞数目的增加以及相应部位薄壁细胞的体积增大。并且，瘤状茎中存在因核内再复制导致的多倍化现象，其细胞倍性最高可达16倍。Shi等（2012）研究了细胞分裂及核内再复制在榨菜瘤状茎生长发育中的作用及其分子调控机制。结果认为，榨菜瘤状茎的外部髓细胞是茎膨大的细胞数目来源，而核内再复制与内部髓细胞的膨大具有密切相关性。榨菜是在四川盆地东部长江沿岸分化形成的，喜冷凉湿润的环境条件，不耐高温，不耐霜冻，是我国特有的重要鲜食和加工蔬菜，现重庆、四川、浙江、湖南、湖北等地均有较大面积栽培。

我国科研人员对榨菜生长发育过程中蜡粉有无、耐抽薹性的遗传规律、花芽分化、授粉特性等生理进行了研究和报道。在榨菜营养生长期，瘤状茎可按其表面蜡粉表现分为两类：一是无蜡粉，二是有蜡粉。由于各地生产和消费习惯的不同，对瘤状茎表面有无蜡粉的要求也就不同。例如，在四川和重庆地区，生产上要求无蜡粉品种；在四川盆地以外的如浙江、安徽等地对有无蜡粉要求不严，不过目前生产上推广的品种仍以有蜡粉的为主。研究表明，瘤状茎有蜡粉对无蜡粉为显性，由一对核基因控制（刘义华 等，2013）。榨菜在花芽分化过程中，顶端细胞无论是蛋白质含量，还是同蛋白质合成有关的细胞器都发生明显变化。花芽分化过程中有淀粉积累现象。淀粉积累主要发生在顶端分生组织相接的髓部细胞中，原分生组织中没有淀粉粒出现。原分生组织是新的组织器官和花原基的发源地。淀粉粒积累在髓部，并不直接影响原分生组织的分裂和分化。在花芽分化前期，顶端细胞线粒体数目增加，且发育日趋成熟，胞间连丝日益发达，说明分化过程中顶端细胞能产生大量的能量，为利用邻近细胞能源物质提供通道。髓部细胞中淀粉积累可能是作为顶端细胞分化中所需能量的物质基础（陈竹君等，2000）。对榨菜现蕾和抽薹的遗传规律研究表明，榨菜早现蕾对晚现蕾、早抽薹对晚抽薹为不完全显性，早开花对晚开花为不完全显性或超显性，现蕾期由 1～2 对“主基因＋多基因”共同控制，抽薹期和开花期由微效多基因控制，耐抽薹性广义遗传力较高，为 60%～75%，可在早代进行选择（沈进娟等，2017）。榨菜花在温度适宜的条件下，开花前后两天内柱头都具有受粉受精能力，但以开花当天受精能力最强。由于榨菜花盛开时柱头顶端扩展，表面积增大，同时柱头分泌大量黏液，而这些黏液中富含激素和维生素等物质，能引导和促进花粉的萌发和花粉管的伸长，同时是能力最强阶段，增加和提高受粉机会。榨菜最佳授粉时间主要是温度和湿度两个因素共同作用。在江浙地区，一般棚内在 12：30 的温度已超过了榨菜授粉的最适温度，而湿度刚好达到最适湿度；露地的最佳授粉时间是 10：30 左右，因为这时露地已经达到最适温湿度（周晗等，2004）。

选育不育系是榨菜杂种优势利用的重要途径。郭得平（1999）、陈学军（2001）等分别对榨菜不育系和保持系的光合特性及叶绿体的多肽电泳进行了研究。榨菜胞质雄性不育系在瘤状茎形成时期，植株的生长速率、叶片厚度、比叶重和叶绿素含量明显低于保持系，叶面积发育速度也较慢。光合速率比保持系的低，但二者的变化趋势相似。榨菜的单叶净光合速率以第 2、3、4 叶片最强。不育系和保持系的光饱和点分别为 1 800 微摩尔光量子/（平方米·秒）和 1 400 微摩尔光量子/（平方米·秒），而光补偿点分别为 100 微摩尔光量子/（平方米·秒）和 50 微摩尔光量子/（平方米·秒）。在幼苗期，榨菜不育系和保持系叶绿体的多肽 SDS-PAGE 电泳结果有明显的差异。电泳后发现，不育系多数条带染色浅。与保持系相比，不育系有一特异多肽产生，该多肽占不育系叶绿体总蛋白含量的0.9%。在榨菜抽薹期，不育系和保持系叶绿体多肽电泳比较发现，抽薹期的幼嫩薹叶中提取的叶绿体不育系比保持系也多一个特异多肽，该特异多肽占不育系叶绿体蛋白质总含量的1%。从幼苗期及抽薹期不育系和保持系叶绿体蛋白电泳结果看，二者的表达量均有明显的差异，即不育系条带弱、染色浅。近年来，低浓度亚硫酸盐（20～200微摩尔/升）对植物光合作用的促进效应引起了很多学者的关注。彭燕（2007）研究结果表明，用0.5毫摩尔/升的$NaHSO_3$，每隔5天处理榨菜叶片，2个月后，处理植株的叶绿素a、总叶绿素含量、株高、叶面积、茎叶鲜重等均显著大于对照植株。

评价蔬菜安全品质除农药、重金属外，硝酸盐和亚硝酸盐也是一项重要的指标。据了解，硝酸盐对人体的危害不亚于农药。为了降低从榨菜中摄入过多的硝酸盐，改变不科学的食用方法和取食时期，谢朝怀（2007）对榨菜在生长过程中硝酸盐的蓄积规律进行了研究。榨菜从移栽到收获的生长过程中，硝酸盐蓄积量从低至高，膨大期升至最高，以后逐渐降低，到雨水节后趋于稳定。硝酸盐在榨菜中的蓄积量与榨菜的生长时间呈正态分布。因此，建议做蔬菜食用时，避开膨大期；加工酱腌菜，最好在雨水节气前收获，虽然雨水节气后，榨菜中硝酸盐含量较成熟期有所下降，但腌制的酱腌菜独有的鲜、嫩、脆等特点将有所下降，而且水分含量高，筋、皮老化，易空心；无论是作为蔬菜食用还是加工成酱腌菜，建议在雨后采集。

刘义华（2003、2004）对不同榨菜品种生育期光温综合反应和生境敏感性进行了研究。根据榨菜品种对生境因子变化的敏感反应，分为生境敏感型品种、生境弱感型品种和生境钝感型品种。其中，巴中羊角、涪丰14两品种属生境钝感型品种；半碎叶、涪杂1号、蔺市草腰子三品种属生境弱感型品种；永安小叶属生境敏感型品种。一般来讲，品种生境敏感性越强，产量变异越大，其稳产性越差。反之，品种对生境反应越钝感，其生态适应性也越强。瘤状茎膨大期是光温综合反应最为敏感的时期。营养生长期光温反应敏感程度与营养生长期、瘤状茎膨大期呈极显著负相关，与出苗至瘤状茎膨大始期呈显著正相关；瘤状茎膨大期光温反应敏感程度与瘤状茎膨大期、株重、瘤状茎纵径、营养生长期呈显著或极显著正相关；出苗至瘤状茎膨大始期光温反应敏感程度与出苗至瘤状茎膨大始期呈极显著正相关，与瘤状茎横径呈显著负相关。

## 二、榨菜栽培生理机理研究

播种期是栽培技术中的首要环节，也是榨菜栽培成败的关键。不同熟性品种，对播种期的要求不同。熟性越早，可适播种范围越窄，对播期要求越严格。在四川盆地榨菜产区，早熟品种宜9月中旬播种，中熟品种宜9月上中旬播种，而晚熟品种可依不同栽培目的在8月下旬至10月上中旬均可播种（刘义华等，2010）。温州地区冬榨菜和春榨菜适宜的播种期分别是9月10日（唐筱春，2011）和10月20日左右（孙继等，2012）。播期和采收期对永安小叶瘤状茎产量和菜形有明显的影响。播期推迟，瘤状茎产量、菜形指数明显下降，菜形变优；采收期推迟，瘤状茎产量明显增加，而菜形指数先降后升，菜形呈逐渐变劣的趋势。在重庆海拔500米以下地区9月中旬播种，翌年2月中旬采收能较好地实现瘤状茎丰产与菜形美观的协调统一（张先淑等，2012）。张红（2011）的研究表明，播期对先期抽薹率、腋芽抽生率及主要经济性状的影响大。播期越早，先期抽薹越严重，经济性状越差，瘤状茎商品性越差。刘正川等（2008）认为，苗期2叶期开始覆盖遮光率100%遮阳网，每天遮光3～4小时，具有显著抑制先期抽薹和增加榨菜产量的作用。

在榨菜需肥方面，不同的产地、品种、生长季节和生育期，榨菜吸收氮、磷、钾的规律有较大差异。根据季显权等的研究，榨菜地方品种蔺市草腰子每生产1 000千克鲜瘤状茎需要纯氮6.95千克、磷（$P_2O_5$）1.02千克、钾（$K_2O$）10.702千克，对氮、磷、钾的吸收比例为1∶0.15∶1.54。榨菜对氮的旺盛吸收期在13～18叶期，吸氮量占全生育期的66%，此期保证氮的充足供应是瘤状茎丰产的关键；全生育期在14～18叶期吸收磷量最多，占68%左右；钾的旺盛吸收期在13～19叶期，吸钾量占全生育期的66%。据周建民等研究，在浙江慈溪，半碎叶品种每生产1 000千克鲜瘤状茎需吸收氮5.4千克、磷（$P_2O_5$）1.4千克、钾（$K_2O$）5.62千克，氮、磷、钾需求比例为1∶0.26∶1.04。试验表明，榨菜叶中的大量元素含量次序为钾＞氮＞钙＞硫＞磷＞镁，且钾、氮、钙在叶中的含量差异不大；瘤状茎中大量元素含量依次为氮＞磷＞硫≈钙＞镁。在6种微量元素中，叶中含量次序为铁＞锰＞锌＞硼＞铜＞钼，瘤状茎中含量次序为铁＞锌＞锰＞硼＞铜＞钼。均以铁含量最高，钼含量最低。叶中铁/锌为16.97，而瘤状茎中仅为1.42，说明瘤状茎对铁的吸收能力极弱，而强烈富集锌；叶是铁富集的主要器官。榨菜对钙的吸收量随着生育期的推进吸收量逐渐增加，中后期容易产生缺钙，对产量和品质有较大影响。在整个生育期，榨菜吸硫量也较大，以满足葡萄糖苷和蛋白质等合成所需元素，同时也需吸收较多的镁，如果供镁不足，叶片黄化，光合作用下降，对榨菜瘤状茎的膨大有较大影响。此外，南方缺硼土壤常常因供硼不足，导致瘤状茎空心严重。

近年来，施肥对榨菜生长及硝酸盐含量的影响研究取得了很多进展。张召荣（2009）研究发现，榨菜产量与氮、磷、钾施用量呈极显著二次回归关系。在一定的施氮水平下，榨菜产量随氮肥用量的增加而增加。最佳施氮量，涪杂2号为255～315千克/公顷，永安小叶为285～360千克/公顷。瘤状茎的硝酸盐含量与施氮量呈极显著正相关。施磷量（$P_2O_5$）在55.8千克/公顷、施钾量（$K_2O$）在133.5千克/公顷范围内，增施磷、钾肥可提高瘤状茎产量而降低硝酸盐含量。詹凤等研究表明，施钾肥可提高榨菜氨基酸含量，改善榨菜营养品质。施钾量（$K_2O$）在0～300千克/公顷时，随着钾肥用量的增加，榨菜产量也随之提高。当钾肥用量高于300千克/公顷时，随着钾肥用量的进一步增加，榨菜产量下降。李昌满（2006）对杂交榨菜干物质积累和氮、磷、钾的吸收特性进行了研究。结果表明，杂交榨菜干物质积累和氮、磷、钾的吸收均符合Logistic生长曲线。各器官旺盛生长期：茎为15.3～20.2叶龄，根为12.7～17.0叶龄，叶为12.6～16.8叶龄。干物质的旺盛积累期在13～18叶龄，磷、钾的旺盛吸收期与干物质的旺盛积累期同步，氮的旺盛吸期在11～16叶龄。在旺盛生长期，干物质积累量占87%，氮、磷、钾在旺盛吸收期的吸收量占大田营养生长阶段吸收总量的68.9%、70.3%、72.7%。约13叶以前，杂交榨菜各器官生长速度缓慢，之后进入快速生长，瘤状茎快速膨大期在18叶左右。在大田施肥上，宜分3次施用，前期（移栽后10天左右）应轻施苗肥，在13叶以前应施中量追肥，在18叶以前应重施攻茎肥，才能与榨菜生长同步，从而获得到高产。李昌满认为，杂交榨菜目标产量若为3 500千克/亩需纯氮33.56千克、磷（$P_2O_5$）7.63千克、钾（$K_2O$）25.47千克，其比例为1∶0.23∶0.76。陈佐平等通过田间试验探索施用不同配比的氮、磷、钾化学肥料对榨菜的影响。结果表明：平衡施用氮、磷、钾化学肥料，榨菜能够获得较高的产量和经济效益。钾肥对榨菜作物影响很大，缺钾会造成榨菜作物抗病性差，减产明显。在榨菜作物施肥上，推荐配方比N∶$P_2O_5$∶$K_2O$为25∶10∶15（千克/亩）（陈佐平 等，2004）。张红等研究表明，施氮量对腋芽抽生率影响大，施氮量越大，永安小叶的腋芽越多，瘤状茎商品性越差。李昌满（2009）认为，综合考虑榨菜产量和品质，纯氮用量应为233千克/公顷，尿素施用应低于纯氮207千克/公顷，有机肥高于900千克/公顷。即应限制硝态氮的使用，控制速效氮用量，增施有机肥，才能达到既丰产，又安全的目的。

## 三、榨菜关键酶的研究

### （一）超氧化物歧化酶（SOD）

SOD是一种含有铜、锌或铁、锰，具有特殊性质的金属酶。SOD能清除细胞内外液中的超氧阴离子自由基，阻断体内自由基的产生，保护机体不受自由基的损伤，维护组织的正常生理功能。SOD对人体具有抗衰老、抗辐射、消炎和抗癌等重要的生理作用，在医药、保健品和化妆品等行业中有着重要的应用价值。从榨菜中提取SOD成本低、产品污染少，而且榨菜资源丰富，可作为人们开发SOD的新资源。何士敏等（2011）研究发现，榨菜瘤状茎SOD的活性在200～300单位/克，叶片SOD的活性在250～400单位/克。叶片SOD活性高于榨菜瘤状茎SOD活性。榨菜SOD在pH 8.3～8.6时有最大酶活性，最适温度为50℃，最适底物浓度为7毫摩尔/升。SOD的研究为开发榨菜资源提供了参考。

### （二）过氧化物酶（POD）

POD是植物细胞生长和植物体生长发育的重要生化标志之一。有关榨菜种子萌发期POD的研究报道较少。何士敏（2009）对榨菜种子萌发期POD的有关酶学特性进行了较为系统的研究。永安小叶种子POD活性的最适pH为5.6，最适温度为20℃。动力学分析表明，POD与愈创木酚亲和力最强，与邻苯二酚亲和力次之，与邻苯三酚亲和力最弱。POD热稳定性较好，70℃保温30分钟仍有50%以上的活力，保温60分钟剩余活力约为40%；80℃保温30分钟，酶液剩余活力为30%；在90℃以上，酶失活显著。维生素C和亚硫酸钠对POD活性的抑制效果好。POD活性与种子萌发的关系的研究表明，种子的发芽力与其

POD活力的增减具有同步性。

### （三）芥子苷酶

芥子苷酶（myrosinase，EC 3.2.3.1）又称葡糖硫苷酶，是一种β-葡糖硫苷酶。1839年，Bussy在芥菜籽中首次发现了芥子苷酶。后来研究发现，芥子苷酶在榨菜、雪里蕻、萝卜中大量存在。芥子苷酶对榨菜风味品质的影响很大。经鉴定，异硫氰酸酯类、腈类和二甲基三硫是川渝榨菜特征香气的主要成分。榨菜在腌制过程中，由于含盐量的增加导致榨菜的细胞渗透压增加，使细胞破裂，从而使得原本位于细胞不同部位的芥子苷和芥子苷酶相互接触，在芥子苷酶的作用下芥子苷水解产生异硫氰酸酯类、硫氰酸酯类、腈类等挥发风味成分。

芥子苷酶的活性受很多因素的影响，其中温度、pH、NaCl含量等对芥子苷酶活力的影响最为显著。芥子苷酶在40～60℃范围内酶活力较高，其最适反应温度约为50℃，当温度达到90℃时芥子苷酶变性失活；芥子苷酶在pH 5.0～8.0范围内有较强的活力，最适pH为6.0～7.0；0.5%的NaCl含量对芥子苷酶的活力有明显的抑制作用，而当NaCl含量达到10%时，芥子苷酶几乎失活（刘明春，2009）。榨菜腌制加工过程中其芥子苷酶的活性是逐渐下降的，但在不同的腌制加工阶段其活力变化的速率不相同。研究榨菜腌制加工过程中芥子苷酶活性的动态变化可以为更好地明确榨菜腌制加工过程中挥发性风味成分的形成及变化机理提供理论依据（徐伟丽等，2006）。

### （四）多酚氧化酶

多酚氧化酶（polyphenol oxidase，PPO）普遍存在于植物中，主要是催化酚类氧化成醌类的一系列反应，与植物抗病虫害特性、果蔬加工与储运过程中颜色变化有密切关系。榨菜在加工和储藏过程中容易褐变是影响产品外观和保质期的主要问题。刘柱明等（2005）研究表明，榨菜多酚氧化酶最适 pH 为 7.4，酶的活性在 pH 小于 6.6 时很低。在榨菜加工的过程中，可在弱酸性条件下来减少多酚氧化酶的作用，进而减轻榨菜的颜色变化。该酶以邻苯二酚为底物时，最适反应温度为 53℃，在 85℃条件下仍有较高的热稳定性，即使此条件下加热 20 分钟都不能使酶完全失活，考虑榨菜在热处理后的脆度问题，加热时间不宜过长，故有必要尝试采用加热处理与加抑制剂措施二者结合进行。L-半胱氨酸盐酸盐对多酚氧化酶有抑制作用，在浓度为 0.001 875%时可完全抑制该酶酶活，可考虑在实际应用中把加该抑制剂与加热处理结合使用。

## 四、榨菜细胞和分子机理研究

细胞与分子学基础研究是从细胞和分子水平探明植物生长发育及适应外界环境变化的发生规律及机制，能够为人类驯化植物和培育新品种提供研究思路及技术指导。近年来，国内外学者在榨菜细胞与分子学基础方面进行了大量的研究和探索，并取得了一定的研究成果。其中，主要集中在榨菜瘤状茎膨大、抽薹效应、抗病抗逆、雄性不育、远缘杂交等方面。

在榨菜瘤状茎膨大机理研究方面，根据已有的文献报道，发现木葡聚糖水解酶类基因 *BjXTH1* 和 *BjXTH2* 可能在榨菜瘤状茎细胞膨大特别是髓细胞的膨大中起重要作用，从而在瘤状茎膨大过程中发挥重要作用，视网膜神经胶质瘤易感基因 *BjRBRJ-4* 在瘤状茎膨大过程中的细胞分裂和核内再复制方面可能发挥了不同的调控作用。利用测序技术，对榨菜瘤状茎膨大的各时期进行了转录组分析，差异表达基因分析表明：PKSl（光敏素结合蛋白）和 ABRl（ABA 响应转录因子）在膨大时期表达量有显著的升高。利用 cDNA-AFLP 技术分析了榨菜瘤状茎发育过程中的基因表达特征，最终成功回收到 30 条在瘤状茎发育过程中差异表达转录衍生片段（transcript derived fragment,

TDF)，其中榨菜 *APY* 基因可能参与了榨菜瘤状茎的膨大过程，同时与瘤状突起的形成也有关联。共 6 个转录衍生片段在瘤状茎发育前期特异表达，可能参与了瘤状茎膨大的诱导过程。其余 24 个转录衍生片段在榨菜瘤状茎迅速膨大时期表达，可能参与了瘤状茎的迅速膨大过程。在 TDF11 序列的基础上，克隆了榨菜 *APY* 基因。基因 DNA 序列全长为 2 712bp，包含 9 个外显子和 8 个内含子。基因编码区域（CDS）长度为 1 521bp。氨基酸序列分析表明：榨菜 *APY* 基因编码产物可能是定位于膜上的胞外 ATP 水解酶。获得了榨菜 *APY* 基因上游 890bp 的序列，利用 PlantCARE 数据库预测其可能的顺式作用元件。榨菜 *APY* 基因可能受激素调控，同时参与了光照、低温及其他非生物逆境的响应。利用荧光定量 PCR 技术分析了榨菜 *APY* 基因在叶片中的表达量较低，且比较稳定。在茎中的表达显著高于叶片中的表达量，呈现先逐步升高再降低的趋势，在榨菜瘤状茎发育的第四时期表达量最高。在 P1 区域（瘤突起部位），*APY* 基因的表达显著高于其他区域。榨菜 *APY* 基因很可能参与了榨菜瘤状茎的膨大过程，同时与瘤状突起的形成可能也有关联。在中日照和短日照条件下，*APY* 基因的表达量显著高于在长日照条件下的表达，短日照条件下 *APY* 基因表达量最高。榨菜 *APY* 基因在榨菜瘤状茎膨大过程中发挥了重要作用，且其表达很可能受光周期和温度的调节。

国内对榨菜膨大性状的遗传规律及控制瘤状茎膨大性状的基因定位方面研究才刚刚起步。

榨菜膨大的肉质瘤状茎是主要的产品器官和重要经济性状。瘤状茎膨大的遗传规律和分子调控机制等，一直以来都是众多学者关注的热点。童南奎等（1992）通过研究榨菜几个主要经济性状的遗传规律，发现瘤状茎膨大的遗传规律符合“加性显性”效应模型，其遗传力不高；该性状是受核基因控制的显性遗传的数量性状，控制此性状的主效基因至少有 2 对。张郎郎（2013）利用 AFLP 标记构建了连锁图谱，采用复合区间作图法定位到 2 个控制榨菜瘤状茎茎重性状的 QTL 位点，共解释 42.38%的表型变异，加性效应均为负值；2 个控制横径性状的 QTL 位点，共解释 53.27%的表型变异，加性效应均为负值；未检测到控制纵径性状的有效 QTL 位点。刘义华等（2014）利用瘤状茎形状差异较大的 4 个榨菜自交系作为亲本配置了 2 个杂交组合，并以瘤状茎形状指数作为度量指标，应用“主基因＋多基因”混合遗传模型对其衍生后代家系群体 $P_1$、$P_2$、$F_1$、$B_1$、$B_2$ 和 $F_2$ 瘤状茎形状进行了多世代联合遗传分析，表明对瘤状茎形状改良时要以主基因利用为主，并且宜在中高世代选择。张郎郎（2014）利用瘤状茎膨大与不膨大的 2 个榨菜变种为亲本，构建 $P_1$、$P_2$、$F_1$ 和 $F_2$ 群体，采用相同的遗传模型分析法，对榨菜瘤状茎 3 个膨大性状进行了遗传分析。结果表明，榨菜瘤状茎的 3 个膨大性状主要受遗传因子控制，横径和茎重性状遗传符合 2 对“加性-显性-上位性主基因＋加性-显性多基因”模型，而纵径遗传符合“加性显性多基因”模型。邹晓霞（2015）以茎不膨大的分蘖芥菜和茎膨大的榨菜为亲本，通过杂交获得的 $F_2$ 代群体，利用开发的 EST-SSR 分子标记构建了一张由 116 个 SSR 分子标记组成，覆盖基因组长度为 2 061.0cM，平均图距为 17.92cM，包含 17 个连锁群的芥菜遗传图谱。并利用该图谱采用复合区间作图法对控制榨菜瘤状茎膨大的 3 个性状横径、纵径及茎重进行了 QTL 定位。检测到多个控制瘤状茎横径性状的 QTL 位点和 4 个控制茎重的 QTL 位点，未检测到控制纵径性状的有效 QTL 位点。宋宁（2015）利用 30×覆盖率的测序深度，对 2 个榨菜样本分别进行测序和重测序，开发了 833 个基于 PCR 的芥菜结构变异（SV）标记。将这些标记运用到榨菜膨大茎 QTL 分析，在构建的 6 条连锁群上检测到 2 个与膨大性状相关性较高的区域，均位于 LG1。

为了深入了解瘤状茎生长发育的膨大机制，董丽丽（2010）

对榨菜生长发育过程中解剖学结构的变化进行了研究，发现瘤状茎膨大的主要原因是皮层、髓部细胞数目的增加以及相应部位薄壁细胞的体积增大。瘤状茎形成层细胞首先进行横向分裂增加细胞层数，然后进行径向分裂形成茎的长轴，随后在各部位组织中进行不定向分裂，使得瘤状茎向各个方向生长。对细胞核内DNA相对含量的变化规律进行研究，发现瘤状茎中存在由核内再复制引起的多倍化现象，并且随着生育期的进行，多倍化程度不断提高，平均细胞倍性持续增加。成熟茎从外向内平均细胞倍性呈现出先降低后升高的趋势，形成层附近细胞平均倍性值最低，最高值则出现在髓部最内层，与解剖学结构相吻合，表明核内多倍化程度与细胞的体积大小具有明显的正相关性。瘤状茎在不同环境中表现为膨大与非膨大两种情况下，其核内多倍化程度差距明显。此外，董丽丽（2015）还研究了与细胞分裂及核内再复制相关的细胞周期蛋白相关基因，并克隆得到了拟南芥细胞周期蛋白 D（Cyclin D）基因在榨菜中的同源保守序列。史会（2012）通过研究细胞分裂和核内再复制在榨菜茎生长发育中的变化规律，分析 *RBR* 基因在榨菜中的遗传模式以及在瘤状茎生长发育过程中的时空表达变化，初步探索了 *RBR* 基因在榨菜瘤状茎生长发育中的作用，并通过对光周期和温度调控榨菜茎生长发育的细胞学及分子机理研究和双向电泳筛选榨菜瘤状茎膨大生长发育的关键蛋白，初步探讨了 DNA 甲基转移酶基因的作用，进一步明确了榨菜瘤状茎膨大生长发育的分子机制。刘斌（2013）利用 cDNA-AFLP 技术分析了榨菜瘤状茎发育过程中的基因表达特征，成功回收到 30 条在瘤状茎发育过程中差异表达的转录衍生片段（transcript derived fragment，TDF），其中 TDF3、TDF6、TDF14、TDF15、TDF16、TDF21 在瘤状茎发育前期特异表达，可能参与了榨菜瘤状茎膨大的诱导过程；其余 24 个在瘤状茎迅速膨大时期表达，可能参与了榨菜瘤状茎的迅速膨大过程。在 TDF11 序列的基础上，成功克隆了榨菜 *APY*

基因，并利用荧光定量 PCR（q RT-PCR）技术分析了该基因在榨菜瘤状茎发育过程中的时空表达变化。结果显示，榨菜 *APY* 基因在茎中的表达显著高于叶片，在榨菜瘤状茎发育的第四时期表达量最高，并且在瘤状茎瘤突起部位的表达显著高于其他区域。进一步分析其在 3 个光周期和 2 个温度处理条件下的表达模式，发现在短日照条件下 *APY* 基因表达量最高，14℃/12℃处理条件下 *APY* 基因的表达显著高于 26℃/24℃的表达，表明榨菜 *APY* 基因在瘤状茎膨大和瘤状突起过程中发挥了重要作用，并且其表达很可能受光周期和温度的调节。毕晶磊等（2013）从榨菜基因组中克隆了全长 *PHYA* 基因，成功构建了植物超表达载体并通过农杆菌 GV3101 转化永安小叶，得到 PCR 反应呈阳性的 *PHYA* 超量表达转基因株系。发现在自然生长环境下，转基因植株发生了如植株矮化、叶片变大且色泽浓绿、花期提前、茎膨大延缓等多种形态变异。初步推测 *PHYA* 基因可能参与调控了榨菜植物茎膨大过程。孙全等（2013）通过高通量 RNA-Seq 测序筛选得到了部分榨菜根与茎的差异表达基因，并获得 3 594个榨菜瘤状茎膨大过程中的差异表达基因。对这些差异基因进行代谢途径的功能注释，发现这些差异表达基因除了在光合作用相关的途径外，主要分布在细胞壁的合成、降解以及类黄酮代谢等途径方面，这些基因可能与榨菜的瘤状茎膨大有关。罗天宽等（2015）以榨菜不同发育时期的瘤状茎为材料，分离到一个 cDNA-AFLP 差异片段，利用 cDNA 末端快速扩增（rapid amplification of cDNA ends，RACE）技术克隆了包含有该差异片段的基因的 cDNA 全长（命名为 *orf451*，GenBank 登录号为 KM213220）。该基因与编码多聚半乳糖醛酸酶/糖苷水解酶的基因有高达 90%的相似性。利用 qRT-PCR 技术对 *orf451* 的时空表达进行分析，发现 orf451 在瘤状茎形成初期的表皮和外皮层表达量最高，推测该基因可能通过调控表皮与外皮层多聚糖的水解参与了榨菜瘤状茎的膨大过程。孙全等（2016）获得了一个可能与瘤状茎膨大有关的基因片段，与拟南芥 *PKS*1 基因相似，随后通过 RACE 技术获得了该基因全长序列，命名为 *BjPKS1*。qRT-PCR 结果表明，该基因在榨菜瘤状茎膨大过程中表达量显著上升。将该基因在拟南芥中超量表达，发现转基因植株节间和株高都明显缩短，推测 *BjPKS1* 可能具有与其他物种中同源基因相似的分子功能，该基因在榨菜瘤状茎膨大过程中的作用和机制还有待进一步研究。

抽薹是榨菜从营养生长阶段向生殖生长阶段转化的关键时期，也是榨菜成花的前期过程和必经阶段。榨菜生产上，常常需要避免未熟抽薹造成产量和质量的下降。而育种上，为了缩短育种周期、加快育种进程，往往需要提早抽薹开花。在 $F_1$ 制种上，为了调节母本和父本花期相遇，还要对双亲抽薹开花的一致性进行调控。因此，对榨菜抽薹开花的调控机制进行研究显得十分必要。陈竹君等（2000）根据榨菜在二叶期后进行不间断光照诱导 288 小时期间的茎端生长锥形态特征，利用光学显微镜和透射电镜进行观察，将榨菜花芽分化初期形态发育过程分为花芽未分化期（未诱导）、花原基将分化期（诱导 72 小时，2 片真叶充分开展）、花原基分化始期（诱导 144 小时，第三片真叶充分开展）、花原基增大伸长期（诱导 216 小时，第四片真叶充分开展）、萼片形成期（诱导 288 小时，第五片真叶开展）5 个时期。在此期间，茎端细胞内线粒体、叶绿体、核仁等的大小、数量、形态、发育程度等都发生明显变化，植株由营养生长转入生殖生长时，茎端细胞的核内有 2 个或多个核仁。沈进娟等（2017）以现蕾期、抽薹期和开花期为榨菜耐抽薹性鉴定的性状指标，对 2 个早抽薹×晚抽薹杂交组合的耐抽薹遗传特性进行了初步分析。结果显示，早现蕾对晚现蕾和早抽薹对晚抽薹为不完全显性，早开花对晚开花为不完全显性或超显性，现蕾期由 1～2 对“主基因＋多基因”共同控制，抽薹期和开花期由微效多基因控制，耐抽薹性广义遗传力较高（为 60％～75％），可在早代进行选择。沈进娟等（2017）采用榨菜极晚抽薹材料“203”和极早抽薹材料“92”配制杂交组合，获得自交 $F_2$ 群体，运用600对芸薹属SSR共有引物，根据集团分离分析法，进行榨菜抽薹性状基因连锁的分子标记筛选，得到1个SSR标记O112-D09，在早抽薹基因池中扩增出特征条带，而晚抽薹基因池中无特征条带。经 $F_2$ 单株验证发现与榨菜早抽薹基因紧密连锁，根据Kosambi函数估算其连锁距离为10.9 cM。该分子标记可用于榨菜先期抽薹的分子标记辅助育种，并为榨菜耐抽薹品种的选育提供理论依据。

十字花科植物的根肿病是严重影响蔬菜生产的一种世界性病害，该病由芸薹根肿菌引起，可危害100种以上的十字花科植物。对于榨菜抗病性的细胞和分子生物学基础研究主要集中在根肿病方面。刘艳（2011）以榨菜健根和病根为实验材料，采用人工接种根肿菌接种体的方法和qRT-PCR技术，用稳定表达的管家基因作为内参基因，分析合成生长素途径中的关键酶腈水解酶基因的动态表达情况，发现*BjNIT1*的表达量受到根肿菌的诱导，可能与根肿病发病存在某种关系。裴晓兔（2013）利用RACE技术从受十字花科根肿菌侵染的榨菜中克隆到一个病程相关蛋白PR4基因，命名为*BjPR4*（GenBank登录号为JX467703）。该基因编码的蛋白具有高度保守的Barwin结构，没有几丁质结合域结构，属于Ⅱ类PR4。系统进化分析表明，该蛋白基因与其他植物的PR4蛋白具有较高的相似性，在不同物种之间具有保守性。qRT-PCR检测结果显示，十字花科根肿菌处理后，*BjPR4*在病程初期表达量比较低，病程后期表达量急剧上升，表明*BjPR4*与榨菜对根肿菌的抗性有关。利用水杨酸、茉莉酸甲酯、乙烯、脱落酸等激素处理后，*BjPR4*表达量发生了不同程度的改变，表明*BjPR4*在榨菜根部的表达受到不同植物信号分子的调控。黄芸（2014）以榨菜为研究对象，对感病前后榨菜根部肿瘤大小和数量、根系鲜重以及植物激素（包括吲哚-3-乙酸和玉米素）含量的变化进行了研究，初步分析了在榨菜等十字花科植物感病过程中各组织的两种激素水平差异情况，探索根肿菌的致病机理，推测根肿菌更可能是诱导了植株产生过量激素导致病害发生。罗远莉（2014）从芸薹根肿菌和宿主榨菜之间的分子互作入手，利用抑制差减杂交文库技术，以人工接种感染芸薹根肿菌的感病植株和健康植株分别作为实验组和驱动组，成功构建榨菜抑制差减杂交文库，获得 224 个阳性克隆子。经 qRT-PCR 技术验证后，差减文库可信度和准确度较高。对差减文库中的重要 EST 序列进行生物信息学分析，筛选出了与植物防御或者感病响应相关的 6 类蛋白或受体的编码基因。其中，钙依赖蛋白激酶基因、乙烯反应转录因子、病程相关蛋白基因和热休克转录因子可能与植物的抗病性相关，而 MYB 家族转录因子、脱落酸受体、醌还原酶家族蛋白可能与根肿病的病程相关。采用茉莉酸甲酯、脱落酸、水杨酸和乙烯诱导处理榨菜植株，检测处理植株钙依赖型蛋白激酶（CDPK）基因和病程相关蛋白（PR4）基因的表达，发现脱落酸能显著诱导 CDPK 基因的表达，茉莉酸甲酯、乙烯和水杨酸均抑制 CDPK 基因的表达。水杨酸能显著诱导 PR4 基因的表达，脱落酸、乙烯、茉莉酸甲酯均抑制 PR4 基因的表达。该研究将为阐明根肿病的致病机理和病害的防治奠定基础。

关于榨菜抗逆方面的细胞和分子生物学基础研究数量较少。向浏欣等（2014）以榨菜永安小叶为材料，通过 RACE 和 RT-PCR 技术得到 1 个转录因子基因 *AP2/EREBP* 的基因组 DNA（gDNA）序列和 cDNA 全长序列，命名为 *BjABR1*（GenBank 登录号为 JQ713825.1）。qRT-PCR 分析结果显示，*BjABR1* 基因在榨菜不同发育时期的根、茎、叶中均有表达，在根中表达量尤其高。对榨菜组培幼苗进行低温、高盐和渗透压 3 种非生物胁迫处理后发现，3 种胁迫均能诱导 *BjABR1* 基因的表达，但其对高盐的响应更为迅速。兰彩耘（2016）以渝丰榨菜为材料，在榨菜中超量表达来自拟南芥的细胞色素 P450 酶基因 *AtDWF4*。研究发现，转基因榨菜植株生长势旺盛、生长迅速，叶、花等器官显著大于野生型，株高、开展度、最大叶宽、最大叶长等农艺性状也明显高于野生型。此外，转基因植株抽薹和开花时间比野生型提前，分枝变多，结荚枝更长，结荚数和种荚率增多，结种数增加。对油菜素内酯（BR）生物合成结构基因以及转录调控基因的表达分进行分析，发现超表达 *AtDWF4* 基因后影响了 BR 生物合成途径中相关结构基因以及转录调控基因的表达，导致内源 BR 水平提高而促进植株生长发育以及结籽数量的增加。对转基因植株进行光照和黑暗处理，结果显示，光照和黑暗处理条件下转基因榨菜苗期的下胚轴长和根长都不同程度高于对照野生型，说明 *AtDWF4* 基因在榨菜中超表达后可以促进转基因植株苗期的生长发育。将转基因榨菜植株置于 4℃低温处理后，处理后的转基因植株比野生型植株恢复生长更快，相对电导率明显低于野生型，而脯氨酸积累量则明显高于对照野生型，显示超表达 *AtDWF4* 基因具有明显促进植株抗寒的作用。进一步针对转基因植株抗寒相关基因的表达分析显示 *MAPK3*、*HOS1*、*CBF1 -3*、*ICE1*、*SIZ1*、*KIN1* 等抗寒相关基因表达量都高于野生型。

榨菜自交亲和指数非常高，生产上很难利用自交不亲和系进行杂种优势利用。因此，一直以来，雄性不育性是榨菜杂种优势利用的重要途径。细胞质雄性不育（cytoplasmic male sterility，CMS）由于可以获得 100%不育度和不育率的材料，并且可以实现不育系、保持系和恢复系的“三系配套”。因此，在榨菜优势育种中有着广阔的应用前景。陈竹君等（1993、1995）通过远缘杂交和回交的方法选育了综合经济性状优良的榨菜细胞质雄性不育系并开始应用于生产。随后，张明方等许多学者利用该雄性不育系及其保持系对线粒体基因组和核基因组的互作关系、细胞质雄性不育分子机制等做了大量的研究和探索。张明方（2004）以榨菜细胞质雄性不育系及其保持系基因组总 DNA 为模板，通过特异引物 PCR 方法克隆了榨菜 *atpA* 基因。进化分析表明，*atpA* 基因非常保守，进一步分析发现不育系及其保持系 *atpA* 基因的 5′非翻译区（untranslated region，UTR）存在差异，为能量代谢相关基因与细胞质雄性不育性产生的关系提供了分子证据。杨景华（2006、2008）研究发现，该细胞质雄性不育系花粉败育发生在小孢子发育早期，并以该细胞质雄性不育系及其保持系为材料，通过同源克隆方法克隆到了榨菜胞质不育候选基因 *orf220*（GeneBank 登录号为 AY208898）。通过比较研究该榨菜细胞质不育系及其保持系线粒体基因组，发现了线粒体 *atpA* 基因在不育系及其保持系之间存在明显差异。此外，还从榨菜中分离克隆到小孢子发育早期的一个关键基因 *SPL*，采用线粒体抑制剂处理正常可育榨菜，发现处理后榨菜花粉发育出现败育，并且 *SPL* 基因表达受到抑制，推测 *SPL* 基因可能是线粒体反向调控介导雄性不育的发生的靶基因，*SPL* 基因在不育系中的表达缺失可能是造成榨菜雄性不育花粉败育的原因。刘山（2010）以陈竹君选育的榨菜细胞质雄性不育系及其保持系为材料克隆到一条铁蛋白（Bjferritin）基因，对其特性进行研究，发现 *Bjferritin* 基因与系列抗氧化系统相关，在榨菜胞质雄性不育系氧化胁迫中起着重要作用。李璐（2013）研究发现，定位于细胞核上的泛素相关基因 *BjRCE1* 在榨菜细胞质雄性不育系对生长素的响应中发挥重要的调控作用，为线粒体功能影响植物生长模式提供了可能的途径。徐新月（2015）克隆了线粒体基因组重组的关键核基因 *MSH1*、*RecA3* 和 *OSB1*，分析了这 3 种基因在芸薹属作物中的功能与特性，并构建了榨菜 MSH1-RNAi 系，发现转基因 $T_1$ 代幼苗普遍矮小，苗期生长速率较野生型明显减慢。此外，转基因 $T_1$ 代植株的线粒体基因组发生了重组，*nad2* 基因的亚化学计量发生了改变。Zhao 等（2016）进一步研究发现，*MSH1* 基因能够影响线粒体开放阅读框 *orf220* 亚化学计量的变化，使得不育系育性恢复。同时，核基因组基因的表达也受到了线粒体的反向调控调控作用。

榨菜生产上比较常用的细胞质雄性不育系还有欧新 A 雄性不育系。欧新 A 是史华清等（1991）在芥菜型油菜中发现并选育成的雄性不育材料，不育株率达 100%，不育性世代稳定。范永红等（2001）将欧新 A 不育胞质转育到榨菜中，育成了多个榨菜胞质雄性不育系。王永清等（1999）对榨菜欧新 A 雄性不育系进行花粉扫描观察，发现不育系花粉败育发生在单核小孢子时期。Heng 等（2018）通过分子生物学手段分析，结果表明欧新 A 不同于以往报道的十字花科雄性不育系，是一种新型的细胞质雄性不育类型。利用扫描电镜和透射电镜对欧新 A 细胞质雄性不育系及其保持系进行观察发现，不育系花粉败育发生在单核小孢子后期，小孢子不正常液泡化可能是造成花粉败育的原因。但该细胞质雄性不育系的分子调控机制还有待深入研究。

远缘杂交可以创造新的种质资源，在生产上价值巨大。近年来，一些学者对榨菜和芸薹属其他作物种间杂交也进行了细胞学和分子生物学方面的基础研究。葛亚明（2006）以榨菜和甘蓝为材料，通过离体靠接法人工合成了两者的种间嵌合体，发现嵌合体叶色表现为接近榨菜叶色的深绿色，叶型呈类似于甘蓝叶片的卵圆形，茎膨大与否与嵌合体类型有关，花的大小和颜色以及始花期等性状居于榨菜和甘蓝中间型，对病毒病和软腐病都表现出了相当强的抗性。对不同类型嵌合体的叶片组织进行解剖结构和细胞学特性观察，发现平周型嵌合体细胞排列较为规则，而混合型嵌合体则表现出了介于榨菜和甘蓝叶片组织结构中间型的特点。赵曼（2007）通过琼脂粉培养基茎段腋芽诱导获得了 4 种不同类型的榨菜与紫甘蓝嵌合体。形态及解剖研究表明，其顶端分生组织细胞层结构分别为 TCC、TTC、TCC＋TTC、TCC＋CCC［LⅠ-LⅡ-LⅢ（不同层），T＝榨菜，C＝紫甘蓝］。对该嵌合体植株形态学观察，发现嵌合体所表现的形态特征并非两亲本的简单组合，其叶片、花器官等特征介于榨菜和紫甘蓝之间。

叶片横切图表明，4 种嵌合体的海绵组织结构同紫甘蓝一致，表皮组织结构同榨菜一致（TCC＋CCC 部分除外）。TTC（基因类型）则同榨菜相似，TCC、TCC＋CCC 及 TCC＋TTC 栅栏组织结构同紫甘蓝相似。对嵌合体的酸性磷酸酯酶同工酶进行分析，结果表明，不同嵌合体的酶谱特征表现出一定的差异。通过特异性引物 PCR 对嵌合体的 DNA 进行了分析，发现嵌合体中榨菜及紫甘蓝亲本特异条带均有表达，并检测出一条异于亲本的嵌合体特有条带。朱雪云（2009）从形态学、细胞、分子和蛋白质水平上对榨菜和紫甘蓝的种间嵌合体进行了分析，发现嵌合体的形态特征在具有了两个亲本特点的基础上发生了一定变化。研究结果表明，种间嵌合体的各个器官的特性和不同发育时期都受到两种基因型不同的细胞层相互作用的影响，特别是数量性状基本介于两个亲本的中间。嵌合体营养生长时期的光合能力和不定根的再生能力相比其层源亲本有很大改善，同时嵌合体的生殖特性和生殖器官也呈现出较明显的变化。王燕（2011）以具有表型和分子标记的榨菜与紫甘蓝的种间周缘嫁接嵌合体植株为研究材料，通过植物形态学、组织解剖学、细胞学及分子生物学等手段，系统地研究了嫁接对植物生长发育特性的影响，通过 small RNA 测序在嵌合体的榨菜回复系植株中检测到了紫甘蓝谱系特异的 small RNA，表明 small RNA 类遗传信号物质能在植物细胞之间移动。推测不同谱系细胞间 small RNA 的交流和移动可能是诱导嫁接变异产生的重要原因之一。李俊星（2013）在榨菜与紫甘蓝嫁接嵌合体后代产生叶形遗传变异的基础上，利用 RNA-Seq 技术，筛选了 1 187 个差异显著表达基因，其中 2 个候选基因（*ARP*、*CKO*）与叶形相关；利用 small RNA 测序，筛选到 26 个显著性差异表达的 miRNAs，其中 miRNA156、miRNA319、miRNA172 与叶形相关。以榨菜及嵌合体 TTC 与 TCC 变异后代植株（$GS_1$、$GS_2$、$GS_3$、$RS_1$）为材料，通过 MSAP 技术研究变异植株 DNA 甲基化水平及模式的改变，筛选到能够在变异后代中稳定存在且与榨菜不同的DNA甲基化模式条带和一个发生DNA超甲基化的基因（Gibberellin-regulated family protein）。结果表明，DNA甲基化的改变可能是诱导产生嫁接遗传变异的重要原因之一。饶琳莉（2015）以榨菜与紫甘蓝种间杂种Ho（基因组ABC）为材料，利用秋水仙素诱导染色体加倍得到六倍体So（基因组AABBCC），采用SRAP技术分析亲本与杂种后代在遗传上的差异，发现杂交过程导致约19.5%的亲本条带丢失，且多数为紫甘蓝特有条带。染色体加倍后趋于稳定，说明杂交比加倍对基因组的影响更大。运用MSAP技术分析亲本与$S_1$间的DNA甲基化的水平和模式差异，发现$S_1$总甲基化水平与亲本相比显著降低，且甲基化模式主要遗传自榨菜。运用MSAP技术对亲本及杂种后代$S_1$的春化特性与甲基化状态的关联进行分析，发现去甲基化诱导开花与植株的起始甲基化状态无关，只与诱导过程中的甲基化变化有关。

## 第四节　榨菜遗传规律研究概况

国内对榨菜的农艺性状系统进行遗传规律的研究，时间并不长，仅有50余年的历史。榨菜的农艺性状通常可分为质量性状和数量性状两类。前者是指由少数主基因控制，性状表现为不连续性，易于进行分组，且大都不易受环境条件影响的性状；后者是指那些由微效多基因控制，性状表现为连续、不易分组，易受环境条件影响的性状。这两类性状的区分是相对的，长期以来，科学工作者对它进行了广泛的研究。榨菜属于芥菜的一个变种，在芥菜的遗传研究方面，前苏联科学家卡彼青科、日本科学家Morinaga和禹（U）。他们在20世纪20～30年代就进行了大量的研究，奠定了芥菜遗传研究的基础。卡彼青科早在1922年就对芥菜等芸薹属植物的染色体数目进行了研究，1924年对该属植物进行了杂交工作。Morinaga提出的芸薹属作物种间的细胞遗传关系和禹归纳出的三角形关系图，给芥菜的遗传学研究，特别是进化、分类以及后来的育种研究奠定了坚实的基础。榨菜起源于中国，在遗传规律研究方面，主要是国内的学者开展了大量的工作。榨菜茎部表现明显的膨大，且其上有明显的瘤状突起，用榨菜和其他茎部不膨大的芥菜杂交，进行茎部膨大这一性状的遗传分析。结果表明：杂交 $F_1$ 植株茎部表现膨大，但没有榨菜膨大那么明显，也没有明显的瘤状突起。经过称重分析，$F_1$ 茎重均值介于双亲之间，大于中亲值，正反交植株之间茎重值没有明显差异。$F_2$ 代茎重表现为连续变异。由此看来，榨菜的瘤状茎膨大性为核基因控制的显性数量遗传性状。进行数量遗传学分析表明：榨菜的茎膨大性符合基因加性显性效应模型。基因显性方差高于加性方差，基因有超显性表现，控制该性状的有效基因有 2 对以上，但茎重的遗传力不高。采用植物数量性状“主基因＋多基因”混合遗传模型分析法对榨菜瘤状茎 3 个膨大性状进行了遗传分析。结果认为，茎重和横径性状遗传符合两对“加性-显性-上位性主基因＋加性-显性多基因”模型，而纵径遗传符合“加性显性多基因”模型。

榨菜叶色有多种变异类型，每类中颜色深浅程度的变异较难区分，但红色和深绿色两大类叶片容易区分。试验研究表明：红叶榨菜与绿叶榨菜杂交，正反交杂种 $F_1$ 植株都表现红叶，$F_2$ 代红叶植株与绿叶植株的数量比例为 3∶1，测交分离比例为 1∶1，完全符合孟德尔一对等位基因控制的性状遗传模型。因此，红叶和绿叶为一对等位基因控制的质量性状，红叶为显性，绿叶为隐性。榨菜叶片根据缺裂程度的大小，可分为深裂叶、浅裂叶和全缘叶。已有的研究结果表明：全缘表现为显性性状，叶片深裂为隐性性状，它们是一对等位基因控制的质量性状。榨菜叶片卷曲表现为显性遗传性状，正常平展叶为隐形性状，它们为一对基因控制的质量性状。在蜡粉的遗传方面，以 2 个有蜡粉和 3 个无蜡粉的榨菜自交系为试验材料，进行杂交、自交、回交，初步探明了瘤状茎蜡粉的遗传属于质量性状遗传，受1对核基因控制，有蜡粉对无蜡粉表现为显性。另外，还发现在营养生长期无蜡粉的品种，进入抽薹期以后，开始附着蜡粉。榨菜现蕾期不仅在生产上作为瘤状茎成熟和适时收割的依据，而且也是表征榨菜品种生态适应性强弱的重要指标之一。因此，现蕾期是榨菜引种、栽培和育种必须考虑的重要性状。国内学者在现蕾期的遗传研究方面，选择2个现蕾期有较大差异的榨菜自交系作为亲本，通过杂交、自交、回交等手段，应用“主基因＋多基因”混合遗传模型多世代联合分析方法对榨菜现蕾期的遗传分析表明，现蕾期受2对“加性-显性-上位性主基因”遗传控制，存在明显的加性、显性和上位性遗传效应。重庆市渝东南农业科学院以现蕾期、抽薹期和开花期为榨菜耐抽薹性鉴定的性状指标，对2个早抽薹×晚抽薹杂交组合耐抽薹的遗传特性进行了初步分析。结果表明，早现蕾对晚现蕾、早抽薹对晚抽薹为不完全显性，早开花对晚开花为不完全显性或超显性，现蕾期由1～2对“主基因＋多基因”共同控制，抽薹期和开花期由微效多基因控制，耐抽薹性广义遗传力较高，为60%～75%，可在早代进行选择。

瘤茎形状按照外观形状可分为4种类型：长纺锤形、近圆球形、圆球形、扁圆球形。在育种实践中，除采用外观形态来描述瘤茎形状外，还利用茎形指数来描述不同品种瘤状茎品种的差异。瘤茎形状是典型的数量性状，深入剖析其基因效应对瘤状茎遗传改良具有重要的指导意义。在瘤状茎形状的遗传方面，采用世代平均数分析的多元回归法对茎形指数基因效应进行了分析，认为瘤状茎形状遗传以加性效应为主，显性效应和上位性效应只在有些组合中占优势。利用瘤茎形状有较大差异的4个榨菜自交系作为亲本配置了2个杂交组合，并以瘤茎形状指数作为度量指标，应用“主基因＋多基因”混合遗传模型对其衍生后代家系群体$P_1$、$P_2$、$F_1$、$B_1$、$B_2$和$F_2$瘤茎形状进行了多世代联合遗传分析。杂交组合y203×b145的瘤茎形状受2对“加性-显性-上位性主基因”控制，其遗传率在 $B_1$、$B_2$ 和 $F_2$ 群体中分别为 59.89%、26.18%和 54.14%；而瘤茎形状在杂交组合 y92×b146 中受 2 对“加性-显性-上位性主基因+加性-显性多基因”控制，在 $B_1$、$B_2$ 和 $F_2$ 家系群体中，其主基因遗传率分别为 22.44%、58.06%和 63.14%，多基因遗传率分别为 40.42%、4.36%和 1.26%。这些结果表明，对瘤茎形状改良时，要以主基因利用为主，且宜在中高世代选择。生育期是榨菜遗传育种的重要目标，以 6 个榨菜杂交组合的 $P_1$、$P_2$、$F_1$、$F_2$、$B_1$、$B_2$ 世代为试材，采用世代平均数分析的多元回归法，对榨菜生育期的基因效应进行了分析。结果表明：杂种 $F_1$ 生育期基本没有超亲现象，双亲生育期的表现制约着 $F_1$ 的表现，遗传以加性效应占绝对优势；显性效应在某些组合中显著存在；上位性效应较为普遍，主要是加性与加性的互作，加性效应明显大于非加性类效应；生育期的遗传改良宜累加选择。在叶性状的遗传方面，以 3 个榨菜杂交组合的 $P_1$、$P_2$、$F_1$、$F_2$、$B_1$、$B_2$ 世代为试材，采用世代平均数分析的多元回归法，对叶性状的基因效应进行了分析。结果表明：叶长以加性效应和显性效应为主；叶宽的加性效应占优势，但有时显性效应和上位性效应不可忽视；叶重的上位性效应与加性效应并重，显性效应在某些组合也显著存在；上位性效应主要是加性与加性互作；叶性状的遗传基本上是以可固定遗传的加性类效应占主导地位，其 $F_1$ 都具有不同程度的正向优势。在性状间的遗传作用关系研究方面，应用因子分析法把 23 份榨菜品种资源的株高、开展度、出苗至膨大始期、瘤状茎膨大期、营养生长期、株鲜重、叶长、叶宽、瘤状茎纵径、瘤状茎横径、菜形指数、茎/叶、菜皮百分率、空心率、瘤状茎产量 15 个数量性状集约在 5 个主因子上，采用正交因子和斜交因子模型分析了性状间的遗传作用关系，并探讨了各因子间的关系及其生物学意义。结果表明，虽然试验采用的试材、分析方法与有关报道不同，但所揭示的性状间遗传作用关系却基本一致，即与瘤状茎产量显著相关的性状间关系密切，有很好的协同性，榨菜育种选择熟性晚、瘤状茎横径大、茎/叶高和植株个体较大的品种，可实现品种产量高、瘤状茎品质较佳等之间的协调统一。另外，重庆市渝东南农业科学院（原重庆市涪陵区农业科学研究所）刘义华研究员以 23 个榨菜地方品种为试材，估算了 15 个性状遗传力、遗传进度及遗传变异系数。结果表明，各性状遗传力从大到小顺序为营养生长期、瘤状茎膨大期、茎/叶、菜皮百分率、瘤状茎产量、叶宽、瘤状茎横径、出苗至瘤状茎膨大始期、株鲜重、瘤状茎纵径、叶长、菜形指数、开展度、瘤状茎空心率、株高。瘤状茎空心率、茎/叶、菜皮百分率和瘤状茎产量的遗传变异较大，具有较大的选择潜力，在 5%的选择率下，可获得较大的遗传进展。综合试验结果认为，瘤状茎膨大期、营养生长期、茎/叶宜在早代进行一次性单株选择，菜皮百分率、瘤状茎产量、叶宽等性状可适当加强早代选择。

刘义华等以 11 个榨菜杂交组合及其亲本为试材，研究了 $F_1$ 优势表现特点及其与亲本间的关联性，并对 $F_1$ 主要性状与其产量的关系进行通径分析。结果表明：$F_1$ 具有较强的优势，主要表现在瘤状茎重（单株产量）和单株鲜重显著、极显著超过大值亲本，瘤状茎横径超过大值亲本接近显著水平，菜形指数显著低于双亲均值。叶长、叶宽、瘤状茎纵径、根鲜重与大值亲本差异不显著。单株产量超亲优势主要受株鲜重、菜形指数、瘤状茎横径等性状优势的共同影响。$F_1$ 各性状对其产量直接作用最大的是瘤状茎横径，其余性状依次为叶长、叶宽、单株鲜重、瘤状茎纵径、菜形指数。$F_1$ 叶长、叶宽、单株产量与父本相应性状值呈显著正相关，$F_1$ 叶长、根重、单株产量、瘤状茎横径与大值亲本值呈极显著正相关，$F_1$ 单株产量、株鲜重、根鲜重与双亲均值呈显著或极显著正相关。单株产量、瘤状茎横径平均优势强弱与双亲差值呈显著正相关，单株产量超亲优势受母本值影响较大。

由于榨菜为春性作物，极易发生先期抽薹，影响瘤状茎形成，使产量受到影响，给榨菜种植业造成巨大经济损失。而紫甘蓝为严格的绿体春化作物，需要很低的春化温度才能开花。此外，紫甘蓝由于富含B族维生素、维生素C，以及钙、铁、镁、磷、钾、锌等多种矿质元素，还有抗氧化、抗癌化合物，而被当作叶类蔬菜在世界范围内广泛食用。因此，若能以榨菜与紫甘蓝作为亲本，将A、B、C基因组合在一起合成新的异源多倍体，该多倍体对于芸薹属的遗传基础研究及农业生产应用将具有重大意义。饶琳莉等以榨菜与紫甘蓝种间杂种（基因组ABC）作为实验材料，利用秋水仙素诱导三倍体染色体加倍得到六倍体（基因组AABBCC），在进行形态学、细胞学、流式细胞术鉴定后，将六倍体与芸薹属作物进行回交、杂交，以期创制新种质；同时，将六倍体自交一代以消除加倍所造成的影响，对其进行植物学特性研究：包括生长指标测定、生理指标测定、芥子油苷含量测定，分子特性初探：包括SRAP多态性分析、MSAP分析。从实际应用方面看，该六倍体有可能综合双亲优势性状，成为应用于生产的“超级蔬菜”新品种，或者是作为桥梁作物，合成异附加系、渐渗系应用于芸薹属种质资源改良；从基础研究方面看，该六倍体蕴含芸薹属全部基因，是极为宝贵的遗传研究材料，对其进行SRAP及MSAP分析，有望揭示远缘杂交过程中的遗传、表观遗传变化及A、B、C三基因组的遗传规律。

# 第四章 榨菜品种登记和良种繁育

## 第一节 榨菜品种登记制度

2017年4月24日，农业部发布了非主要农作物品种登记指南，榨菜作为29种非主要农作物之一列入其中。申报榨菜品种登记，主要包括以下步骤：

### 一、申请文件

#### （一）品种登记申请表

登记申请表的相关内容，应当以品种选育情况说明、品种特性说明（包含品种适应性、品质分析、抗病性鉴定、转基因成分检测等结果），以及特异性、一致性、稳定性测试报告的结果为依据。

#### （二）品种选育情况说明

新选育的品种说明内容主要包括品种来源以及亲本血缘关系、选育方法、选育过程、特征特性描述、栽培技术要点等。单位选育的品种，选育单位在情况说明上盖章确认；个人选育的，选育人签字确认。

在生产上已大面积推广的地方品种或来源不明确的品种要标

明，可不做品种选育情况说明。

## （三）品种特性说明

**1. 品种适应性**　根据不少于2个生产周期（试验点数量与布局应当能够代表拟种植的适宜区域）的试验，如实描述以下内容：品种的形态特征、生物学特性、经济产量、瘤状茎品质、抗病性、抗逆性、适宜种植区域（县级以上行政区）及季节，品种主要优点、缺陷、风险及防范措施等注意事项。

**2. 品质分析**　根据品质分析的结果，如实描述以下内容：品种的蛋白质、纤维素含量和空心率等。

**3. 抗病性鉴定**　对品种的病毒病、根肿病、霜霉病，以及其他区域性重要病害的抗性进行鉴定，并如实填写鉴定结果。

病毒病抗性分5级：高抗（HR）、抗病（R）、中抗（MR）、感病（S）、高感（HS）。

根肿病抗性分5级：高抗（HR）、抗病（R）、耐病（T）、感病（S）、高感（HS）。

霜霉病抗性分5级：高抗（HR）、抗病（R）、中抗（MR）、感病（S）、高感（HS）。

**4. 转基因成分检测**　根据转基因成分检测结果，如实说明品种是否含有转基因成分。

## （四）特异性、一致性、稳定性测试报告

依据《植物品种特异性、一致性和稳定性测试指南　芥菜》进行测试，主要内容包括：

叶片：花青苷显色强度、仅适用于叶片有花青苷显色品种：叶片：花青苷显色部位、叶片：绿色程度、叶：上表面刺毛、叶：下表面刺毛、叶：中肋及叶柄背面蜡粉、叶：类型、仅适用于裂叶类型品种：叶片：裂刻深浅、仅适用于裂叶类型品种：叶：裂片数量、叶片：边缘、叶片：形状、叶片：表面皱缩程

度、叶片：卷曲状态、叶片：长度、叶片：宽度、叶柄：长度、叶柄：基部宽度、瘤茎：形状、瘤茎：蜡粉、瘤茎：刺毛、瘤茎：瘤状突起数量、瘤茎：瘤状突起形状、瘤茎：横径、瘤茎：纵径、现蕾期、始花期，以及其他与特异性、一致性、稳定性相关的重要性状，形成测试报告。

品种标准图片：经济采收期植株、叶片、瘤茎等的实物彩色照片。

### （五）DNA 检测

（三）、（四）中涉及的有关性状有明确关联基因的，可以直接提交 DNA 检测结果。

### （六）试验组织方式

（三）、（四）、（五）中涉及的相关试验，具备试验、鉴定、测试和检测条件与能力的单位（或个人）可自行组织进行，不具备条件和能力的可委托具备相应条件和能力的单位组织进行。报告由试验技术负责人签字确认，由出具报告的单位加盖公章。

### （七）已授权品种的品种权人书面同意材料

## 二、种子样品提交

书面审查符合要求的，申请者接到通知后应及时提交种子样品。对申请品种权且已受理的品种，不再提交种子样品。

### （一）包装要求

种子样品使用有足够强度的纸袋包装，并用尼龙网袋套装；包装袋上标注作物种类、品种名称、申请者等信息。

### （二）数量要求

每品种种子样品 120 克。

### （三）质量与真实性要求

送交的种子样品，必须是遗传性状稳定、与登记品种性状完全一致、未经过药物或包衣处理、无检疫性有害生物、质量符合国家种用标准的新收获种子。

在提交种子样品时，申请者必须附签字盖章的种子样品清单，并承诺提交样品的真实性。申请者必须对其提供样品的真实性负责，一旦查实提交不真实样品的，须承担因提供虚假样品所产生的一切法律责任。

榨菜品种特异性、一致性和稳定性测试性状，依据《植物品种特异性、一致性和稳定性测试指南　芥菜》进行测试，主要内容包括：

叶片：花青苷显色强度、仅适用于叶片有花青苷显色品种：叶片：花青苷显色部位、叶片：绿色程度、叶：上表面刺毛、叶：下表面刺毛、叶：中肋及叶柄背面蜡粉、叶：类型、仅适用于裂叶类型品种：叶片：裂刻深浅、仅适用于裂叶类型品种：叶：裂片数量、叶片：边缘、叶片：形状、叶片：表面皱缩程度、叶片：卷曲状态、叶片：长度、叶片：宽度、叶柄：长度、叶柄：基部宽度、瘤茎：形状、瘤茎：蜡粉、瘤茎：刺毛、瘤茎：瘤状突起数量、瘤茎：瘤状突起形状、瘤茎：横径、瘤茎：纵径、现蕾期、始花期，以及其他与特异性、一致性、稳定性相关的重要性状，形成测试报告。

## 第二节　榨菜优良品种

**1. 浙桐 1 号**　该品种由浙江大学（原浙江农业大学）陈竹

君教授在20世纪80年代育成，于1998年通过浙江省农作物品种审定委员会审定。属于羽状半碎叶品种，生育期175～180天，中熟。耐寒、耐病、加工后品质好。瘤状茎高圆形，瘤峰丰满，瘤沟浅，商品率高达100%，未熟抽薹少，空心率低，鲜头含水量低，为93.73%，适宜加工。

**2. 浙桐2号** 该品种由浙江大学园艺系（原浙江农业大学园艺系）与桐乡榨菜课题组联合选育而成，于1993年和1996年分别通过浙江省科学技术委员会鉴定和验收。植株中等大小，较直立，株高45厘米，开展度55～63厘米，叶色绿，板叶。瘤状茎圆球形，纵横径分别为11.5厘米和10.8厘米，茎形指数1.06，单个瘤状茎鲜重200克左右，瘤圆浑，瘤沟浅。在浙江省栽培，从播种到采收160天左右，亩产2 500～3 000千克。早熟，质地柔嫩，皮薄，加工性状优良，并适合鲜食。该品种适合在浙江省冬榨菜产区栽培，也适合春榨菜产区栽培。目前，主要分布在浙江省的海宁、桐乡等地。

**3. 浙桐3号** 该品种由浙江大学园艺系（原浙江农业大学园艺系）与桐乡榨菜课题组联合选育而成，于1993年和1996年分别通过浙江省科学技术委员会鉴定和验收。植株较大，半直立，株高50厘米，开展度55～68厘米，叶色绿，板叶。瘤状茎圆球形，纵横径分别为11.8厘米和11.2厘米，茎形指数1.05，单个瘤状茎鲜重210克，瘤圆浑，瘤沟浅。在浙江省栽培，从播种到采收165～170天，亩产3 000千克左右。早熟，加工性状优良。该品种适合在浙江省冬榨菜产区栽培，也适合春榨菜产区栽培。目前，主要分布在浙江省的海宁、桐乡、温州等地。

**4. 甬榨2号** 半碎叶型，中熟，生育期175～180天，株型较紧凑，生长势较强，株高55厘米，开展度39～56厘米；叶片淡绿色，叶缘细锯齿状，最大叶长60厘米，叶宽20厘米；瘤状茎近圆球形，茎形指数约1.05，单茎重250克左右，膨大茎上肉瘤钝圆，瘤沟较浅，基部不贴地；加工性好。该品种由宁波市农业科学研究院和浙江大学农业与生物技术学院联合选育而成，2009年通过浙江省非主要农作物品种审定委员会审定。该品种适合在浙江省春榨菜产区栽培。目前，主要分布在浙江省的余姚、慈溪、上虞、海宁、桐乡、江山等地，在江苏、湖南、河南、安徽等地也有大面积种植。

**5. 甬榨5号**　半碎叶型，早中熟，播种至瘤状茎采收170天左右。植株较直立，株型紧凑，株高60厘米左右，开展度42～61厘米；最大叶长67厘米，叶宽35厘米，叶色较深。瘤状茎高圆球形，顶端不凹陷，基部不贴地，瘤状凸起圆浑、瘤沟浅；茎形指数约1.1，平均瘤状茎重300克。商品率较高，加工品质好。较耐寒，抗TuMV病毒病。该品种由宁波市农业科学研究院和浙江大学农业与生物技术学院联合选育而成，2013年通过浙江省非主要农作物品种审定委员会审定。该品种适合在浙江省春榨菜产区栽培。目前，主要分布在浙江省的余姚、慈溪、上虞、海宁、桐乡、江山等地，在江苏、湖南、河南、安徽等地也有大面积种植。

**6. 甬榨1号**　半碎叶型，早中熟。株高55～60厘米，开展度65～70厘米；叶片较软、有缺刻、浅绿色，叶面微皱，叶缘细锯齿状，中肋上略有蜡粉，稀疏刺毛；瘤状茎呈高圆形，皮色浅绿，茎上瘤状突起排列为3层，肉瘤较大而多，瘤沟较浅，瘤状茎茎形指数约1.1、鲜重250～300克，皮薄筋少，易脱水，加工品质好。在宁波地区自播种到采收约170天，采收期较目前常用中熟品种提早5～7天。适应性强，不易抽薹，不易空心。该品种由宁波市农业科学研究院选育而成，于2008年通过浙江省非主要农作物品种认定委员会认定。该品种适合在浙江省春榨菜产区栽培。

**7. 冬榨1号**　该品种由温州市农业科学研究院、浙江大学农业与生物技术学院、瑞安市农业局、瑞安市阁巷榨菜专业合作社合作选育而成。从播种到采收130～160天。植株生长势较强，半直立，株高50厘米左右，开展度约67厘米；板叶型，叶面光滑，叶缘浅波状，最大叶长58厘米，叶宽28厘米，叶脉明显。瘤状茎瘤状凸起圆滑，瘤沟浅；成熟采收时，瘤状茎纵横径分别约10.8厘米和11.1厘米，茎形指数约0.97，瘤状茎平均重量420克左右，质地脆嫩。

**8. 慈选1号** 该品种由慈溪市种子公司选育而成，于2010年通过浙江省非主要农作物品种审定委员会审定。半碎叶型，株型紧凑、较直立，株高55厘米左右。最大叶长48厘米，叶宽27厘米。瘤状茎茎形指数约0.92，瘤状凸起圆浑，单茎鲜重250克左右。播种到采收180天左右。田间表现为病毒病发病轻。

**9. 虹桥迟榨** 该品种由温州市种子公司科技人员多年提纯复壮选育而成。半碎叶，株型较开展，叶片椭圆形，叶缘深裂，叶色深绿色，有光泽，有蜡粉，肉质茎椭圆形，皮绿色，单茎重700克，生育期160天，亩产1 500千克左右。

**10. 大叶冬榨** 该品种由温州市种子公司科技人员多年提纯复壮选育而成。植株矮而开张，外叶椭圆形，黄绿色，有蜡粉，板叶类型，瘤状茎椭圆形，外皮黄绿色，单茎重600克左右，全生育期150天左右。

**11. 缩头种** 该品种是浙江余姚的一个地方品种。植株中等大小，半开展，株高48厘米，开展度55～63厘米，叶色绿，半碎叶。瘤状茎圆球形，纵横径分别为10.5厘米和10.2厘米，茎形指数1.03，单个瘤状茎鲜重175～200克，瘤圆浑，瘤沟浅。在浙江省全生长期175天左右，亩产2 500～3 000千克。中熟，质地柔嫩，加工性状优良。该品种适合在春榨菜产区栽培。目前，主要分布于浙江省的余姚、慈溪、萧山一带。

**12. 浙丰3号** 该品种由浙江省勿忘农种业集团选育而成。半碎叶，叶片绿色，开展度48～59厘米，瘤状茎圆浑、瘤沟浅，茎形指数 1.01。耐基腐病，耐寒，耐密植性好。不易抽薹、不易空心。在杭州地区生育期为 180 天，加工性状优良。该品种适合在春榨菜产区栽培。

**13. 永安小叶** 该品种是重庆市渝东南农业科学院于 1986 年发掘的地方品种。叶椭圆形，叶色深绿，叶面微皱，无蜡粉，无刺毛，叶缘细锯齿，裂片 4～5 对。瘤状茎近圆球形，皮色浅绿，肉瘤钝圆，间沟浅。播种出苗至现蕾 156～160 天。瘤状茎含水量低，皮薄，脱水速度快，加工成菜率高。该品种具有株形紧凑、瘤状茎产量高、加工性能好、品质优良等突出特点。

**14. 涪杂 1 号** 该品种属于杂交榨菜新品种，由重庆市渝东南农业科学院选育而成。株高 52 厘米，开展度 58 厘米。瘤状茎近圆形，皮色浅绿，瘤状茎上每一叶基外侧着生肉瘤 3 个，中瘤稍大于侧瘤，肉瘤钝圆，间沟浅。出苗至现蕾 145～150 天，抽薹较晚，丰产性好。瘤状茎含水量低，皮薄，脱水速度快。该品种是以榨菜雄不育系 118－3A 做母本，以地方良种自交系永安小叶（代号 154）做父本配组的杂一代榨菜种。其中母本是利用芥菜型油菜雄不育系“欧新 A”做母本，与地方品种巴中羊角菜做父本杂交后连续回交后形成的稳定不育系 118－3A。

**15. 涪杂 2 号** 该品种属早熟杂交榨菜，叶长椭圆形，叶色深绿，叶面微皱，无蜡粉，少刺毛，叶缘不规则细锯齿，裂片 4～5 对。瘤状茎近圆球形，皮色浅绿，肉瘤钝圆，间沟浅。叶片较直立，株型紧凑。耐肥，较耐病毒病和霜霉病，耐冻害能力强，丰产性好，抗抽薹能力强，可适当早播而不出现先期抽薹。瘤状茎皮薄，含水量低，脱水速度快，加工成菜率高，品质优。

**16. 涪杂 3 号** 该品种是重庆市渝东南农业科学院以榨菜胞质雄性不育系（代号 96092－3A）为母本，地方品种涪丰 14 优良自交系（代号 920155）为父本，组配而成的杂一代新组合。该组合属中晚熟杂交种，播种至收获 150～155 天，与对照永安小叶相当。株高 50.0～55.0 厘米，开展度 55.0～62.0 厘米，株型较紧凑，叶长椭圆，叶绿色，无蜡粉，叶面中皱，叶背中肋具有刺毛，裂片1～2对，叶缘细锯齿；田间抗病毒病和霜霉病能力显著优于对照。瘤状茎近圆球形，浅绿色，无刺毛，无蜡粉，肉瘤钝圆，间沟浅，鲜食加工均可。种子黄褐色，千粒重1.0～1.2克。瘤状茎菜皮含量5.0%，空心率5.0%，风脱水速度42.6克/（千克·天），加工成菜率33.8%，瘤状茎含水量93.75%，菜形指数1.26，粗纤维0.59%，粗蛋白1.70%。表现出皮薄筋少、空心率低、脱水速度快、菜形及加工适应性好等特点。

**17. 涪杂4号** 该品种属中晚熟杂交种，播种至收获155～160天。株高40～50厘米，开展度85厘米左右，株型较紧凑，叶长椭圆，绿色，叶面中皱，无刺毛，无蜡粉，叶缘细锯齿，裂片4～5对。抗病毒病（TuMV）和较耐霜霉病。瘤状茎近圆球形，浅绿色，无刺毛，无蜡粉，肉瘤钝圆，间沟浅，加工鲜食均可。种子黄褐色，千粒重1.2克左右。瘤状茎菜皮含量5.5%，空心率4.8%，风脱水速度41.5克/（千克·天），加工成菜率34.2%，瘤状茎含水量95.02%，菜形指数1.24，粗纤维（干基计）9.3%，粗蛋白（干基计）36.29%。抗病毒病（TuMV）性鉴定：3次室内苗期人工接种鉴定，平均发病率为100%，平均病情指数为66.7，属中感品种，抗病毒病能力显著优于永安小叶。

**18. 涪杂5号** 该品种属中晚熟杂交种，播种至收获155～160天。株高45.0～50.0厘米，开展度80.0～85.0厘米，株型较紧凑，叶长椭圆形，叶色绿，叶面中皱，无蜡粉，叶背中肋被少量刺毛，叶缘近全缘，裂片2～3对。田间抗霜霉病、耐病毒病能力显著优于永安小叶。瘤状茎圆球形，皮色浅绿，无刺毛，无蜡粉，瘤状茎上每一叶基外侧着生肉瘤3个，中瘤稍大于侧瘤，肉瘤钝圆，间沟浅，鲜食加工均可。

**19. 涪杂6号** 该品种属中晚熟杂交种，播种至收获160～165天，与永安小叶相当。株高50～55厘米，开展度65～70厘米，株型较紧凑，叶长椭圆，绿色，叶面微皱，无刺毛，无蜡粉，叶缘近全缘，裂片3～4对。田间表现抗霜霉病，抗性优于对照永安小叶。瘤状茎菜皮含量5.9%，空心率4.8%，加工成菜率35.2%，瘤状茎含水量94.78%，菜形指数0.63，粗纤维（干基计）0.82%，粗蛋白（干基计）3.296%。通过抗霜霉病的自然抗性鉴定，两年鉴定平均发病率为100%，平均病情指数为38.6，比对照永安小叶低28.29，其病情指数介于亲本间，抗性优于母本，弱于父本，属中抗霜霉病的新品种。3次室内苗期人工接种鉴定，榨菜病毒病（TuMV）平均发病率为100%，平均病情指数为78.3。其发病率与对照永安小叶相同，病情指数比对照低20.0，属中感品种，抗病毒病能力显著优于对照。

**20. 涪杂7号**　该品种由重庆市渝东南农业科学院选育而成。该品种属早熟杂交种，做早熟鲜食栽培从播种到收获100～110天，做加工原料栽培从播种到收获130～150天。株高57～62厘米，开展度60～65厘米。株型较紧凑。叶椭圆形，绿色，叶面微皱，叶缘细锯齿。瘤状茎近圆形，无刺毛，无蜡粉，裂片4～5对。瘤状茎菜皮含量6.2%，空心率6.7%，加工成菜率34.0%，瘤状茎含水量93.97%，菜形指数1.35，粗纤维（干基计）1.02%，粗蛋白（干基计）2.71%。病毒病经苗期人工接种鉴定，平均发病率为86.8%，平均病情指数为81.8，抗性评价为高感。2009年区域试验，平均亩产1 351.3千克，比对照永安小叶增产28.9%；2010年区域试验，平均亩产1 554.4千克，比对照永安小叶增产27.4%；两年区域试验平均亩产1 452.9千克，比对照永安小叶增产28.2%。2010年生产试验，平均亩产1 367.9千克，比对照永安小叶增产25.9%。

**21. 涪杂8号**　该品种属晚熟丰产型榨菜新品种，于2013年通过了重庆市农作物品种审定委员会审定，适宜重庆市海拔600米以上榨菜产区做二季榨菜栽培，还可以在四川、湖南、云南、贵州等地种植。涪杂8号最显著的特点是抗抽薹能力较强，播期弹性大，叶片较直立，株型较紧凑，耐肥，瘤状茎产量高，丰产性好。株高30～35厘米，开展度50～65厘米，营养生长期160～165天，瘤状茎膨大期60～65天。瘤状茎近圆球形，皮色浅绿色，无蜡粉，无刺毛。瘤状茎上每一叶基外侧着生肉瘤3个，肉瘤钝圆，间沟浅。瘤状茎皮薄筋少，含水量低，脱水速度快，加工成菜率和品质与永安小叶、涪杂2号相当。一般亩产为3 500～4 000千克。

**22. 余缩1号** 该品种属于半碎叶榨菜品种，由余姚市农业技术推广服务总站科技人员从余姚当地农家品种中多年提纯复壮而成。该品种生育期170～180天，适应性广、耐肥、耐寒，抽薹迟，适时收获空心率低，叶片直立，株型紧凑，开展度小，生长期保持绿叶4～5片，总叶数14～16片，早播叶片多，迟播叶片少，茎形指数在1.1～1.2，收获时最大叶片长55厘米，叶宽18厘米，单个瘤状茎重在200～250克，如果密度小一些，单个瘤状茎可以长到1 000～1 500克，但空心明显，外皮老韧。瘤状茎圆浑，瘤沟不明显，一般排列为2层左右。叶片深裂不显著，下部小裂片较多，约10对，株高46.7厘米，开展度55～60厘米。

**23. 余榨2号** 半碎叶型；株高50厘米左右，株型紧凑；叶片较宽、中肋上略有蜡粉、刺毛稀疏；瘤状茎沟较浅、较大而钝圆，茎形指数1左右；单茎鲜重300克左右；播种至采收约180天，田间表现病毒病较轻。经多点试验，2007—2008年度平均产量4 965千克/亩，比对照品种余姚缩头种增产10.8%；2008—2009年平均产量3 638千克/亩，比对照增产10.5%。

## 第三节 榨菜雄性不育性与杂种优势利用

杂种优势是指基因型不同的亲本杂交获得的杂交后代在一个或多个性状方面高于亲本的现象。杂种优势可表现在杂种的产量、品质、抗性、外观性状、生理代谢的提高和加强。榨菜杂种优势利用的途径主要有细胞质雄性不育、细胞核雄性不育、自交不亲和以及化学杀雄等，其中细胞质雄性不育研究最多。榨菜为常自花授粉作物，花器官小，不存在自交不亲和现象，与白菜类和甘蓝类蔬菜广泛利用自交不亲和育种方法不同。因此，榨菜细胞质雄性不育系的选育是榨菜杂种优势利用的重要途径。榨菜属于十字花科芸薹属芥菜种茎瘤芥变种，现在已经报道的十字花科作物上的细胞质雄性不育系都可以在榨菜上应用。目前，国内外已知的雄性不育类型主要有 Pol CMS、陕 2A CMS、Nsa、681A、126－1、tour CMS、*nap* CMS、*ogu* CMS、Diplotaxis erucoides 和 D berthautii 等，国内外报道的榨菜雄性不育来源主要有欧新 A 胞质雄性不育、orf 220 胞质雄性不育、ogu 胞质雄性不育、hau 胞质雄性不育。利用细胞质雄性不育系制种简单，不存在自交引起的种性退化现象，并可以确保种子纯度，降低制种成本。采用雄性不育系制种可以增强新品种的可控性，防治亲本流失。对于榨菜而言，细胞质雄性不育系的选育和利用不需要寻找恢复其育性的基因，因此成为榨菜杂种优势利用的理想途径而被大多数榨菜育种科技工作者所青睐，并得到广泛的研究和应用。在十字花科蔬菜中，有关萝卜雄性不育的研究最早记载见于 1950 年，Tokumaso（1951）和 Nishi（1958）曾先后在日本的当地萝卜品种中发现了天然雄性不育株，但未能进一步深入研究，选育成功雄性不育系。1968 年，Ogura（小仓）在日本鹿儿岛萝卜品种留种田发现了不育株，并选育成功胞质雄性不育系，利用该不育系育成一代杂种，并在生产上应用。但该类型不育系存在植株花蕾容易黄化、脱落，杂交一代种子制种产量低等问题，初步分析可能与雄性不育的胞质负效应有关。这种缺陷一定程度地限制了该雄性不育系的利用。自从 *ogu* CMS 问世以来，国内外学者对该不育系材料进行了大量的回交转育，目前已转育到榨菜、油菜、甘蓝、白菜、青花菜等十字花科蔬菜中。*ogu* CMS 线粒体基因组相对于正常萝卜胞质而言，发生过高度重排，并含有特殊的DNA序列。*Polima* CMS是华中农业大学傅廷栋教授于1972年在甘蓝型油菜品种波里马中发现19株天然雄性不育株，经过进一步选育而成的不育系。其雄性不育败育时期很早，大约在孢原细胞阶段，属于无花粉囊的败育类型。白菜型油菜、芥菜型油菜、甘蓝型油菜中都存在*Polima* CMS的恢复基因，因此推测该不育系的恢复基因可能位于A组染色体上。*Polima* CMS的不育性还容易受温度的影响，可分为3种类型：高温不育型、低温不育型、稳定不育型。*Polima* CMS对温度敏感与否，取决于细胞核，因此通过筛选对温度不敏感的基因的保持系，可以育成不育性稳定的不育系。由于*Polima* CMS不育系的相对稳定性，容易实现雄性不育系、保持系与恢复系的配套，在生产上应用广泛。

*Nap* CMS，又称*Shiga-Thompson*系统。*Thompson*（1972）以甘蓝型欧洲油菜品种RD58×Bronowski（波兰的油菜品种）杂交，$F_1$结实正常，$F_2$发现雄性不育株，而反交不出现雄性不育，雄性不育株进一步与Bronowski回交选育出T CMS。与此同时，Shiga、Baba（1971、1973）从日本甘蓝型油菜品种Chisayanatane（千荚油菜）×Hokuriku 23（北陆23）的杂交后代中发现雄性不育株，他们称为S CMS。进一步研究证明，T CMS与S CMS属于同一类型，简称为*nap* CMS。大多数甘蓝型油菜品种的细胞质属于*nap*胞质，orf222是与*nap* CMS有关的开放阅读框，与正常可育的cam mtDNA相比，*nap* mtDNA中发生了序列重排，任何重排序列都可能与*nap* CMS性状有关。

根据文献报道，我国榨菜杂种优势利用较晚，重庆市渝东南农业科学院利用云南省农业科学院报道的芥菜细胞质雄性不育系（欧新A）选育了茎用芥菜（茎瘤芥）杂交新品种涪杂1号，于2000年通过重庆市农作物品种审定委员会审定，该品种在连续2年5点的区域试验中产量位居第一位，平均增产27.4%。国内目前选育出的榨菜杂交品种主要有冬榨菜杂交一代品种涪杂1

号、涪杂2号、涪杂3号、涪杂4号、涪杂5号、涪杂6号、涪杂7号、涪杂8号，这些品种都是采用细胞质雄性不育系配制的杂交组合，如涪杂5号的父母本分别为母本96154－5A，父本92118。另外，宁波市农业科学研究院通过杂种优势利用技术，选育出春榨菜杂交品种甬榨5号、甬榨6号。适宜腌制加工型的榨菜品种要求高干物质含量、高蛋白、低粗纤维含量、低水分含量。目前，选育的榨菜杂交品种以腌制加工为主，鲜食榨菜品种为数很少，仅见国内报道的有重庆市渝东南农业科学院的杂交品种涪杂2号、宁波市农业科学研究院的常规品种甬榨4号、温州市农业科学研究院的常规品种冬榨1号。未来，加工专用型品种和鲜食专用型品种的选育，是榨菜新品种选育的主要育种目标。另外，榨菜富含维生素、矿物质等营养物质，并含有丰富的次生代谢产物芥子油苷，还需进一步挖掘芥菜的功能性成分和营养品质，不断满足广大消费者的需求。随着我国城镇化建设的加快，农民入城就业成为一种增加收入的主要途径，劳动力人口减少和人工成本增加制约了榨菜规模的扩大。目前，选育适宜榨菜轻简化栽培技术的新品种，成为榨菜育种工作者急需解决的前瞻性问题。其他大田作物如油菜、马铃薯等研究领域已经选育了适宜轻简化栽培的品种，建立了完善的轻简化栽培技术，榨菜品种及其栽培技术仍然普遍采用传统模式，已经不能满足当前榨菜产业发展的要求。因此，选育适合于轻简化栽培的榨菜品种已经迫在眉睫。由于气候因素以及流行性病害的出现，榨菜品种改良必须以产业中出现的极端高温、低温以及病虫害问题为导向，开展抗病、抗逆育种。尽管榨菜具有较强的抗旱性和对土壤的适应性，仍然存在以下具体问题：榨菜受温度和光周期影响，容易出现先期抽薹，影响榨菜的商品性；越冬栽培的榨菜容易出现冻害。因此，开展榨菜耐抽薹性、耐寒性育种势在必行。榨菜主产区根肿病、病毒病和霜霉病日趋严重，生产上急需抗流行性病害的榨菜品种。目前，我国为加快榨菜产业的发展，已经将榨菜和芥菜列为国家特色蔬菜产业技术体系中一部分，主要目的是解决制约榨菜产业发展的一系列技术问题，包括榨菜品种改良、榨菜育种技术、榨菜种子生产、榨菜主要病虫害防控以及轻简化栽培、榨菜加工等。该项目的实施将促进国内科研院所联合攻关、协同创新开展榨菜的基础研究和应用研究，势必会加快我国榨菜产业的发展，促进农业增产、农民增收。

## 第四节　榨菜制种技术

### 一、常规种榨菜制种技术

榨菜是一种产品器官要求严格的作物，在榨菜种子生产上，必须采用大株留种、中株留种和小株留种相结合的方法，并实行重复繁殖的技术路线。

大株留种繁育原原种应该与一般榨菜生产同时播种，并最好能够原地留种，不适合移栽。采用大株留种，瘤状茎较大，非常容易发生植株倒伏或因瘤状茎空心、腐烂而死亡。因此，应及时清除榨菜植株基部的叶片，改善田间通风透光条件，降低田间湿度，如果发现发病植株必须及时拔除，并在病株部位撒上一些生石灰。在抽薹始期，主要淘汰抽薹早的植株。

中株留种，播种期一般在 11 月 20 日前后。中株留种可提高密度，秧苗定植时一般可达到每亩 20 000 株。这种采种方式只能利用品种纯度相当高的原原种播种，它适合进行原种或生产用种子的生产。这种采种方法，由于生长季节短，植株的生长发育受到影响，品种的特征特性得不到充分体现，瘤状茎只能形成中等大小，只能够基本反映品种的特性，所以选择的准确性受到一定的影响。同样，中株留种的留种株也需要移栽。但这种留种方式占地时间短、种株的营养生长不是太旺盛，不容易发生软腐病，同时由于播种期较迟，避开了蚜虫的发生高峰，故病毒病的发生较轻，种子产量较高，种子的生产成本较低。

采用大株和中株留种时，必须进行选择。大株留种主要在瘤状茎开始膨大期、瘤状茎开始采收期、抽薹始期进行选择。在对留种植株的选择上，除了考虑品种特征特性外，还需要特别注意以下方面：第一个选择时期是在苗期，对秧苗的叶片形状、色泽、叶缘形状等进行选择；第二个选择时期宜在越冬后，对植株的耐寒性进行选择，淘汰耐寒性较弱的植株；第三个选择时期是瘤状茎开始膨大期，这时主要是对瘤状茎开始膨大期的一致性进行选择，留用瘤状茎膨大基本一致的植株，同时对植株的抗病性进行选择，淘汰发病的植株；第四个选择时期是瘤状茎的商品采收期，这是最为重要的选择时期，需要对植株的生长状态、叶片与瘤状茎的比例、瘤状茎的形状和大小、瘤形和瘤沟的深浅等进行严格的选择，同时对现蕾期及抽薹情况进行选择，即选用现蕾期和薹高基本一致的植株留种，严格淘汰抽薹早的植株。大株留种瘤状茎开始膨大期的选择：选择膨大期一致的植株（特别需要淘汰膨大期迟的植株——不论是否由于小环境引起的膨大偏迟），植株生长尽可能近于直立者。

大株留种和中株留种者，植株的营养基础较好，种株的分枝数较多，而这两种留种方式，其单株的种子产量主要来自植株中上部的一级分枝及部分二级分枝，主枝及基部的一级分枝上只能采收到较少的种子。为了集中养分确保重点，同时也为了加强田间通风透光、降低湿度，所以最好是在开花初期将植株基部的部分分枝剪去，并进行打顶。

小株留种，适合在隔离条件好的山区进行，其播种期可以推迟到 12 月中旬前后（需要采用小拱棚覆盖进行保温育苗），翌年 2 月上中旬定植留种地。由于密植度较高，植株基部基本不发生分枝，即使发生分枝一般也不能正常开花，而主枝上所结的种子占单株种子产量的比重较高，故榨菜小株留种一般不进行摘心。

榨菜的开花期较长，一般有 50 天左右，所以榨菜种子的成熟期相差较大，而榨菜属于炸荚性角果，即在角果成熟后，遇到高温干燥天气，果实会开裂，角果内的种子就自动脱落，所以榨菜种子的采收必须及时。一般在植株上有80%左右的角果变黄时就应该将整个植株自基部割断采收。

## 二、杂交品种制种技术

近年来，经过广大育种工作者的努力，目前重庆、浙江先后育成了一代杂种。这种杂交种其父本是常规的品种（自交系），而母本则为雄性不育系。父本种子的生产与普通的榨菜品种相同，但母本由于其本身没有花粉，故需要有一个除育性与不育系不同（即可育，具有正常花粉）外，其他性状与不育系一样的品种提供花粉来繁殖不育系。这个品种一般称为保持系，即能够保持不育系不育性的系统（品种）。这个保持系从外表看，与普通的榨菜品种并无实质性的区别，所以，保持系本身的繁殖与普通品种相同。由于榨菜一代杂种在生产上使用时间较短，推广面积相对较小，在榨菜杂交种种子生产上所进行的研究不多。这里仅根据已有的研究报道，简要介绍榨菜杂交种种子的生产技术。

### （一）制种地区的选择

榨菜杂交种种子的制种基地可以在长江流域，也可以在北方地区。对制种地的要求与常规品种相似。

### （二）播种育苗

从理论上说，榨菜杂交种种子生产可以采用小株留种的方式，进行直播留种，但由于亲本（特别是母本）种子繁殖较常规品种困难，为了节省用种量，提倡育苗移栽。具体的育苗方法，与一般的榨菜栽培相似，只是播种期较榨菜栽培的播种期略为推迟。这种推迟播种的目的主要是控制种株的生长量，避免因植株营养基础太好而发生腐烂、倒伏等问题。另外，榨菜杂交种种子生产需要父母本两个品种，而且父本是提供母本花粉进行授粉用的。所以，在播种时，需要考虑另外两个问题，即父母本是否同期播种以及父母本的植株比例。根据重庆市渝东南农业科学院的试验，当父母本同时播种时，不同的播种时期父母本花期相遇的时间不同，而只有父母本花期相遇时间长，才有可能获得比较高的种子产量。由于播种早的情况下，瘤状茎腐烂率较高，结合父母本盛花期，在涪陵气候条件下，涪杂1号制种时，父本以10月10～15日播种为宜，而母本则可延迟5天播种。同时，为了延长双亲花期相遇时间，建议将父本分2个时期播种，前后相距5天左右。在父母本的植株比例上，一般情况下，父母本行比以1∶3为宜。在涪陵制种时，涪杂1号父母本按1∶2、1∶3、1∶4、1∶5的行比定植情况下，无论是种子产量还是种子千粒重，均以父母本行比为1∶3为最好。

### （三）定植

留种株定植时，除了选择适宜的父母本行比外，定植密度和定植方式对种子产量也有较大的影响。就涪杂1号而言，在涪陵地区，以每亩定植12 000株为宜。单位面积定植株数越少，单株产量尽管较高，但单位面积产量并不高。当定植密度提高时，由于单株种子产量大幅度下降，最终单位面积种子产量也降低。

### （四）田间管理

榨菜杂交制种中的田间管理主要应注意以下方面：

**1.** 采取措施，使父母本在株高上较为接近，以改善授粉条件。由于目前使用的母本其不育源的关系，植株在开花期的株高较父本高许多。所以，可以采取父本行抬高、父本行地膜覆盖栽培、母本在现蕾和抽薹时喷300毫克/千克的多效唑等综合措施。

**2.** 放养蜜蜂，促进授粉结实。

**3.** 防倒伏。

**4.** 在父本开花结束后，对母本进行打顶摘心处理，并在父本植株基部将其割断，以改善制种田的通风透光条件。

**5.** 注意防治病虫害。

### （五）种子采收

与常规品种种子生产基本相同。

## 三、家蝇辅助杂交榨菜授粉技术

### （一）制种基地和田块的选择

制种田要选择土壤肥沃、排灌方便、3 年内未种过十字花科作物的田块，周围 1 000 米以上没有芥菜类蔬菜。榨菜制种田一般长 45 米，分为 4 畦，畦宽（连沟）1.5 米。这样设计的目的是搭设网罩。

### （二）品种选择

选用甬榨 5 号杂交品种。

### （三）播种日期和播种量

杂交榨菜父本于 11 月下旬露地播种，为使父母本花期相遇，母本较父本提前 7 天播种；每亩播种量 400 克，均匀撒播，播种后覆盖 0.3 厘米厚的细土拍实土面。

### （四）定植及田间管理

施足基肥，每亩施氮磷钾（15－15－15）的俄罗斯复合肥 60 千克、富力硼 1.5 千克；翌年 2 月中旬定植，父母本按 1∶3 种植，行株距 30 厘米×30 厘米；确保周围 1 000 米内无其他芥菜类蔬菜；生长期根据叶形、叶色除杂 5～6 次；抽薹时，母本在现蕾和抽薹时喷 300 毫克/千克的多效唑，一个月内喷施 3 次，

10 天一次；在父本开花结束后，从父本植株基部将其割断，以改善制种田的通风透光条件；花期每亩用 0.2%的富力硼水溶液和 0.3%的 $KH_2PO_4$，10 天喷施一次，均匀喷施 3 次，使种荚饱满，提高种子产量。

### （五）家蝇繁殖

榨菜开花前半个月，开始准备家蝇繁育，主要步骤如下：

**1.** 将适宜的产卵基质暴露于室内外，引诱家蝇产卵，此后羽化出成蝇即可作为种蝇。产卵基质用麦麸、奶粉加水配制成半干湿状即成。

**2.** 把蛹放在种蝇笼内，在室内 24℃左右温度下培养，3～4 天即可羽化。在成虫羽化前，笼内分别放入装有白糖、奶粉混合液（调成稀糊状）和水的培养皿，供成虫羽化后食用。糖、奶粉的混合液和水供应不能中断，否则成虫会大量死亡。为了防止成虫落在水中，盛水的培养皿中要放入一块海绵。在 23℃以下时，可于每日上午将饲料盘取出洗涤后重新加入饲料，同时更换培养皿中的饲水，保持清洁，气温在 24～30℃时家蝇取食旺盛，产卵多，每日上、下午各换饲料和饮水一次，成虫羽化 2～3 天后开始交尾，4 天后开始产卵。成虫产卵期间，相对湿度不可过高，否则成虫产卵不成块，每头成蝇每天消耗白糖 0.5 毫克、奶粉 0.5 毫克，按饲养头数换算后供给适当的营养。另外，要注意成蝇外逃，严格卫生防疫。

**3. 蝇卵的收集**　饲养成蝇的目的是获取大量优良蝇卵。成蝇羽化后 3 天时就要在笼中放入集卵盒，集卵盒中松散地放置诱集产卵的物质（前面已介绍），家蝇产卵多在 8～15 时，所以每天在 12 时和 16 时各收集 1 次，将卵连同诱集产卵的物质一起倒入饲料中，将卵盒洗后再放入新鲜的诱集产卵物质，重新放入蝇笼。成蝇产卵期 25 天左右，但高峰在前 15 天，一般羽化后，饲养 20 天即可淘汰。淘汰时，将笼中饲料盘、饮水器、集卵盒取出，使之饿死。成蝇清除后用稀碱水浸泡蝇笼，消毒清洗后晾干再用。

**4. 幼虫饲养** 接种时，将蝇卵均匀撒在饲料面上，饲料可以用“麦麸＋白糖＋水”拌成半干状态，每立方厘米放置20～25粒，即每盒育幼虫器中可培养1 920～2 400头幼虫，其平均值为2 160头。在温箱中30℃黑暗条件下，幼虫孵化后逐渐向下取食，在幼虫不断取食活动下，饲料逐渐松散成海绵状残渣，臭味大为减少，含水量下降，体积也缩小。此时，根据生长情况、幼虫密度以及饲料消耗情况，及时适当补充新鲜饲料，否则幼虫将外爬。3天以后，将上层变色饲料和排泄物除去，再添加新鲜饲料。饲料盒中的幼虫要保持适当的密度，如虫数太少，剩余饲料就会结块或发霉；如虫数太多，因过分拥挤和营养不足，得到的蛹较小；当幼虫数适当时，幼虫取食活跃，发育整齐，这时饲料既能充分利用也不会发霉。在30℃恒温下，经4～5个昼夜，幼虫个体可达20～25毫克，总生物量增加250～350倍，幼虫趋于老熟。幼虫孵化5～6天就达到老熟，老熟幼虫选择干燥的环境化蛹，如化蛹前食料中的水分过多，会造成幼虫外逃。此时，可在饲料表层撒一层干的麦麸，为幼虫提供化蛹环境。当多数幼虫化蛹后，将上层的干饲料和蛹一起收集起来，用分样筛将蛹与饲料分开。蛹集中后，分放到成虫饲养笼中，暂时不用的蛹，可放在冰箱中保存。在10℃下，保存5天的蛹羽化率达95%，保存10天的达83%，保存2周的达60%。

**5. 虫卵灭菌** 虫卵用灭菌水洗后，在5%甲醛液中浸5分钟，再用灭菌水洗数次，消毒虫卵放在衬有灭菌滤纸的培养皿中培养。幼虫孵化后移入育幼虫容器中，饲养温度为30℃。

### （六）网纱棚搭设

待植株现蕾后，搭建简易网纱棚，一般选用40目的网纱。毛竹的直径为10厘米，高度2.5米，一般入土深度15厘米。

### （七）苍蝇授粉

榨菜盛花期，把苍蝇释放进入网纱罩，进行授粉。

### （八）杀除苍蝇

榨菜谢花后，结合病虫害防治，对网纱罩内的苍蝇进行杀除，有效防止苍蝇带来的污染。

### （九）种子采收

5月下旬，为防止制种田父、母本种株上的种子发生机械混杂，在父本花期末拔除父本行；6月上旬种荚八成熟时收割，获得榨菜甬榨5号种子。

# 第五章 榨菜种子检验、储藏、加工与包装

## 第一节 榨菜种子检验

种子检验是保证种子质量的重要措施，不仅决定着产品产量，还直接影响到将来的农产品质量，甚至关系到消费者的健康与安全。榨菜种子检验包括扦样、净度分析、发芽试验、真实性和品种纯度测定、水分测定以及其他必要的检验项目，可分为室内检验和田间检验两大部分。

### 一、扦样

扦样是从大量的种子中，随机取得一个重量适当、有代表性的供检样品。扦样只能由受过扦样训练、具有实践经验的扦样员（检验员）担任，按照规定扦取种子样品。榨菜种子扦样程序包括扦样前的准备、扦样、分样和样品保存。

#### （一）扦样前的准备

扦样之前要先确定种子批。种子批是指同一来源、同一品种、同一年度、同一收获时期和质量基本一致、在规定数目之内的种子。不同种子批的种子要分开抽样。一批种子不能超过规定的重量，容许误差为5%。若超过规定重量时，须分成几批，分别编号，分开取样。芥菜种子批容许的最大重量为10 000千克

（容许误差 500 千克）。

确保种子批的均匀度。被扦样的种子批应当在扦样前进行混匀和机械加工处理，使其均匀一致。扦样时，若种子包装物或种子批没有标记或能明显地看出该批种子在形态或文件记录上有异质性的证据时，应拒绝扦样。

种子批的被扦包装物（袋、容器）都必须封口，并应当贴有标签或加以标记。种子批的排列应使各个包装物或种子批的各部分便于扦样。

## （二）扦样

样品应由种子批不同部位随机扦取若干次的小部分种子合并而成，然后把这个样品经过对分递减或随机抽取法分取规定重量的样品。每一步骤要求都要有代表性。芥菜种子的最小送验样品为 40 克。

**1. 袋装种子的扦样**　根据种子批袋（或容量相似而大小一致的其他容器）的数量确定扦样袋数，最低扦样袋数要求见表 5－1。

**表 5－1　袋装榨菜种子的扦样袋（容器）数**

| 种子批的袋数（容器数） | 扦取的最低袋数（容器数） |
|---|---|
| 1～5 | 每袋都扦取，至少扦取 5 个初次样品 |
| 6～14 | 不少于 5 袋 |
| 15～30 | 每 3 袋至少扦取 1 袋 |
| 31～49 | 不少于 10 袋 |
| 50～100 | 每 5 袋至少扦取 1 袋 |

如果种子装在小容器中，可以每 100 千克作为一个基本扦样单位。如果小包装 200 克一袋，则每 500 包作为一个基本扦样单位，按照表 5－1 的规定扦取样品。袋装种子堆垛存放时，应随机选定取样的袋，从上、中、下各部位设立扦样点，每个容器只

需扦1个部位。不是堆垛存放时，可平均分配，间隔一定的袋数取样。对于装在小型或防潮容器（如铁罐、塑料袋）中的种子，应在种子装入容器前扦取，否则应把规定数量的容器打开或穿孔取得初次样品。

**2. 散装种子的扦样** 根据种子批散装的数量确定扦样点数，扦样点数见表5-2。

**表5-2 散装榨菜种子的扦样点数**

| 种子批大小（千克） | 扦样点数 |
| --- | --- |
| 50以下 | 不少于3点 |
| 51～1 500 | 不少于5点 |
| 1 501～3 000 | 每300千克至少扦取1点 |
| 3 001～5 000 | 不少于10点 |
| 5 001～10 000 | 每500千克至少扦取1点 |

散装榨菜种子扦样时，应随机从各部位及深度扦取初次样品。每个部位扦取的数量应大体一致。

**3. 配制混合样品** 如果扦取的初次样品基本均匀一致，则可以将其合并成混合样品。

### （三）分样

种子检测人员在拿到送验样品后，首先将送验样品充分混合，然后用分样器经过对此对分法或抽取递减法分取各项测定用的试验样品，其重量必须与规定重量一致。

**1. 机械分样法** 榨菜种子籽粒细小，分样可以用小号分样器进行。使用钟鼎式分样器应先刷干净，样品放入漏斗时应铺平，用手很快拨开活门，使样品迅速落下。再将2个盛接器的样品同时倒入漏斗，继续混合2～3次。然后取其中一个盛接器按照上述方法继续分取，直至达到规定重量为止。

**2. 四分法** 将样品倒在光滑的桌上或玻璃板上，用分样板将样品先纵向混合，再横向混合，重复混合4～5次。然后将种子摊平成四方形，用分样板画2条对角线，使样品分成4个三角形。再取2个对顶三角形内的样品继续按照上述方法分取，直到2个三角形内的样品接近2份试验样品的重量为止。

### （四）样品保存

送验样品验收合格并按规定要求进行登记后，应从速检验。如不能及时检验，须将样品保存在凉爽、通风的室内，有条件的应存放在专用的低温低湿种子储藏柜内，使质量的变化降到最低限度。为便于复检，应将保留样品在适应条件（低温干燥）下保存一个生长周期。

## 二、榨菜种子室内检验

室内检验包括净度分析、发芽试验、真实性和品种纯度鉴定、水分测定、种子生活力测定、种子健康测定等。

### （一）净度分析

种子净度即种子清洁干净的程度，是指榨菜种子批或样品中净种子、其他植物种子和杂质组分的比例及特性。净度分析将试验样品分为净种子、其他植物种子和杂质3种成分，并测定其百分率，同时测定其他种子的种类和含量。从净种子百分率了解种子批的利用价值，根据其他种子的种类和含量，决定种子批的取舍。

**1. 净种子、其他植物种子和杂质的区分**

（1）净种子。凡是能明确地鉴别出它们是属于所分析的种（已变成菌核、黑穗病孢子团或线虫缨除外），即使是未成熟的、瘦小的、皱缩的、带病的或发过芽的种子单位都应称为净种子。完整的种子单位和大于原来一半大小的破损种子单位都应归为净种子，但是种皮完全脱落的榨菜种子不应列为净种子。

（2）其他植物种子。其鉴定原则与净种子相同。

（3）杂质。明显不含真种子的种子单位、甜菜属复胚种子单位大小未达到净种子定义规定最低大小的；破裂或受损伤种子单位的碎片为原来大小的一半或不及一半；按该种子定义，不属于净种子的附属物；种皮完全脱落的豆科、十字花科种子；脆而易碎，呈灰白色、乳白色的菟丝子种子；脱落下的不育小花、空的颖片、内外稃、稃壳、茎叶、球果、鳞片、果翅、树皮碎片、花、线虫瘿、真菌体、泥土、砂砾以及所有其他非种子物质。

**2. 净度分析程序**

（1）重型混杂物检查。在送验样品中，若有与供检样品在大小或重量上明显不同且严重影响结果的混杂物，如土块、小石块或小粒种子中混有大粒种子等，应先挑出重型混杂物检查并称重，再将重型混杂物分为其他植物种子和杂质。

（2）试验样品的分取。试验样品应按规定方法从试验样品中分取。榨菜种子净度分析试验样品应不少于 4 克。试验样品称重应保留 4 位有效数字。净度分析可以用一份试样或两份半试样进行分析。

（3）试样的分离、鉴定、称重。试样称重后，通常采用人工分析进行分离和鉴定。可以借助一定的仪器将样品分为净种子、其他植物种子和杂质，分别放入相应的容器。分离后，各组分分别称重。

**3. 结果计算与数据处理**

（1）计算增失重。将 3 种成分重量之和与原试样重量进行比较，核对分析期间重量有无增失。取绝对值，计算结果要不超过 5%。若超过 5%，说明误差由操作差错造成，必须重做。

（2）计算 3 种成分百分率。将净种子（$P$）、其他植物种子（$OS$）、杂质（$I$）分别称重，称重的精确度要符合《农作物种子检验规程　净度分析》（GB/T 3543.3—1995）表 1 的规定。然后计算 3 种成分的重量百分率，即 $P_1$、$OS_1$、$I_1$。

净种子（$P_1$）＝（净种子重量/3 种成分重量之和）×100%

其他植物种子（$OS_1$）＝（其他植物种子重量/3 种成分重量之和）×100%

杂质（$I_1$）＝（杂质重量/3 种成分重量之和）×100%

为保证最终结果保留 1 位小数的准确性，计算时，需注意小数位数的保留：全试样，各成分的重量百分率保留 1 位小数；半试样，各成分的重量百分率保留 2 位小数。

（3）误差检查。采用半试样或者全试样分析，都要根据《农作物种子检验规程　净度分析》（GB/T 3543.3—1995）7.1.3 的规定检查重复间的误差。试样任一成分 2 次重复之差不能大于规定的容许误差。

采用全试样分析时，如果在某种情况下有必要分析第二份试样，2 份试样各成分的实际差距没有超过容许差距，用 2 次重复平均数表示。如果超过，则再分析 1 份试样。若分析后的最高值和最低值之差没有大于容许误差 2 倍时，填报三者的平均值。

采用半试样分析时，若所有成分的实际差距都在容许范围内，则可计算 2 次重复的平均值。若实际差距超过容许差距，则按下列程序处理：①再重新分析成对样品，直到一对数值在允许范围内为止（全部分析不要超过 4 对）；②凡 1 对间的相差超过容许差距 2 倍的数据去掉。最后计算加权平均数。

（4）数据处理。送验样品有重型混杂物时，最后的净度分析结果要按以下公式校正，各成分的最后填表结果应保留一位小数，三者之和 $P_2+OS_2+I_2=100\%$。如果其和是 99.9% 或 100.1%，那么从最大值增减 0.1%。如果修约值大于 0.1%，应检查计算有无差错。

净种子：$P_2=[P_1(M-m)/M]\times100\%$

其他植物种子：$OS_2=[OS_1(M-m)/M+m_1/M]\times100\%$

杂质：$I_2=[I_1(M-m)/M+m_2/M]\times100\%$

公式中各字母的含义：$M$ 为送验样品的重量（g）；$m$ 为重型杂质的重量（g），且 $m=m_1+m_2$；$m_1$ 为重型杂质的其他植物种子（g）；$m_2$ 为重型杂质中的杂质重（g）；$P_1$ 为除去重型杂质后的净种子含量（%）；$OS_1$ 为除去重型杂质后的其他植物种子含量（%）；$I_1$ 为除去重型杂质后的杂质含量（%）。

**4. 结果报告** 在结果报告单上填报净种子、其他植物种子和杂质的百分率，保留一位小数；若一种成分小于 0.05%，则填报“微量”；若一种成分为 0，则填报“- 0.0 -”；当测定某一类杂质或某一其他植物种子的百分率达到或超过 1%时，该种类要在报告单上注明。

## （二）发芽试验

种子批的播种价值通常决定于净种子的比例和发芽率的高低。发芽试验的目的是用以估计种子批最大发芽潜力，期望获得有关种子田间发芽、出苗的信息，同时比较不同种子批播种价值的差异。

发芽试验对榨菜种子生产经营和农业生产具有重要意义。种子入库时做好发芽试验，可掌握种子的质量；种子储藏期间做好发芽试验，可掌握储藏期间种子发芽率的变化情况，以便于及时改变储藏条件，确保储藏安全；种子经营时做好发芽试验，可以避免销售发芽率低的种子，以防造成经济损失；播种前做好发芽试验，可以选用发芽率高的种子播种，以利于保证苗齐和种植密度，同时可以计算实际播种量，做到精细播种、节约用种。

**1. 有关概念**

（1）发芽。在实验室内幼苗出现和生长达到一定阶段，幼苗的主要构造表明在田间的适宜条件下能进一步生长成为正常植株。

（2）发芽率。在规定的条件和时间内长成的正常幼苗数占供检种子数的百分率。

（3）正常幼苗。在良好土壤及适宜水分、温度和光照条件下，具有继续生长发育成为正常植株的幼苗。

（4）不正常幼苗。生长在良好土壤及适宜水分、温度和光照条件下，不能继续生长发育成为正常植株的幼苗。

（5）未发芽的种子。在规定的条件下，试验末期仍不能发芽的种子，包括硬实、新鲜不发芽种子、死种子（通常变软、变色、发霉，并没有幼苗生长的迹象）和其他类型（如空的、无胚或虫蛀的种子）。

（6）新鲜不发芽种子。由生理休眠引起，试验期间保持清洁和一定硬度，有生长成为正常幼苗潜力的种子。

（7）50％规则。如果整个子叶组织和初生叶有一半或一半以上的面积具有功能，则这种幼苗可列为正常幼苗；如果一半以上的组织不具备功能，如缺失、坏死、变色或腐烂，则为不正常幼苗。当从子叶着生点到下胚轴有损伤和腐烂的迹象时，不能用50％规则。当初生叶形状正常，只是叶片面积较小时，则不能应用50％规则。

**2. 发芽试验程序**

（1）选用发芽床。发芽床应选用专用发芽纸，要求持水性强、无毒质、无病菌、纸质韧性好。可采用纸上发芽法（简称TP）。在培养皿里垫上两层发芽纸，充分吸湿，沥去多余水分，种子直接置放在湿润的发芽纸上，用培养皿盖盖好，放在发芽箱内进行发芽试验。

（2）数种置床。从充分混匀的净种子中随机数取，一般数量是400粒，以100粒为一次重复，设4次重复。

置床时，种子要均匀分布在发芽床上，种子之间留1～5倍间隙，以防发霉种子的相互感染和保持足够的生长空间。每粒种子应良好接触水分，使发芽条件一致。

在培养皿或其他发芽容器底盘的内侧放上或侧面贴上，注明样品编号、品种名称、重复序号和置床日期等，然后盖好容器盖子或套一层塑料薄膜。

(3) 在规定的条件下培养。榨菜种子发芽试验温度15～25℃，最佳温度20℃。发芽箱的温度在发芽期间尽可能一致，温度变幅不应超过±2℃。

(4) 检查管理。种子发芽期间应进行适当的检查管理，以保持适宜的发芽条件。发芽床应始终保持湿润，水分不能过多或过少。如发现霉菌滋生，应及时取出洗涤去霉。当发霉种子超过5%时，应更换发芽床，以免霉菌传开。如发现腐烂种子，应及时将其除去并记载。

(5) 观察记载。新收获的榨菜种子如果有休眠，可以用预先冷冻、GA3、$KNO_3$ 等方法破除休眠后再进行发芽试验。榨菜种子发芽试验初次计数时间是5天，末次计数时间是7天。如果在规定的时间只有几颗种子发芽，试验时间可适当延长，最多不超过7天。

每株幼苗都必须按照规定的标准进行鉴定。鉴定要在主要构造已发育到一定时期时进行。在初次计数时，应将发育良好的正常幼苗从发芽床中拣出，对可疑的或损伤、畸形或不均衡的幼苗，通常到末次计数。严重腐烂的幼苗或发霉的死种子应及时从发芽床中除去，并随时增加计数。

末次计数时，按照正常幼苗、不正常幼苗、新鲜不发芽种子、硬实和死种子分类计数和记载。

(6) 结果计算和表示。试验结果以百分比表示，当一个试验的4次重复，其正常幼苗百分率在《农作物种子检验规程　发芽试验》(GB/T 3543.4—1995) 表3的规定容许误差内，则取其平均数表示发芽百分率。不正常幼苗、新鲜不发芽种子、硬实和死种子的百分率按4次重复平均数计算。

**3. 发芽试验结果报告**　填报发芽结果时，需填报正常幼苗、不正常幼苗、新鲜不发芽种子、硬实和死种子的百分率。假如其中一项结果为0，则填写“-0-”。同时，还需填报采用的发芽床种类和温度、发芽试验持续时间以及促进发芽所采用的处理方法。

### （三）真实性和品种纯度鉴定

种子真实性是指一批种子所属品种、种或属与文件（品种证书、标签等）是否相同。品种纯度是指品种在特征特性方面典型一致的程度。真实性和品种纯度鉴定是保证良种遗传性充分发挥，防止良种混杂退化，提高种子质量和产品品质的必要手段。

**1. 有关概念**

（1）品种纯度。品种在特征特性方面典型一致的程度，用本品种的种子数占供检本作物样品种子数的百分率表示。

（2）变异株。一个或多个性状（特征特性）与原品种育成者所描述的性状明显不同的植株。

**2. 测定程序**

（1）送验样品的重量。仅限于实验室测定不少于100克，田间小区及实验室测定不少于250克。

（2）种子鉴定。随机从送验样品中数取400粒种子，鉴定时需设置重复，每个重复不超过100粒种子。根据种子的形态进行逐粒观察，必须备有标准样品或鉴定图片和有关资料。

（3）幼苗鉴定。随机从送验样品中数取400粒种子，鉴定时需设重复，每个重复为100粒种子。在培养室或温室中，可以用100粒，2次重复。

幼苗鉴定有两个途径：一种是提供给植物以加速发育的条件，当幼苗达到适宜评价的发育阶段时，对全部或部分幼苗进行鉴定；另一种途径是让植株生长在特殊的逆境条件下，测定不同品种对逆境的不同反应来鉴别不同品种。

（4）田间小区种植鉴定。田间小区种植鉴定是鉴定品种真实性和测定品种纯度的最为可靠、准确的方法。应在鉴定的各个阶段与标准样品进行比较。对照的标准样品为栽培品种提供全面的、系统的品种特征特性的现实描述，标准样品应代表品种原有的特征特性，最好是育种家种子。标准样品的数量应足够多，以便能持续使用多年，并在低温干燥条件下储藏，更换时最好从育种家处获得。

检验员应有丰富的经验，熟悉被检品种的特征特性，能正确判别植株是属于本品种还是变异株。许多种在幼苗期就有可能鉴别出品种真实性和纯度，但成熟期、花期和食用器官成熟期是品种特征特性表现时期，必须进行鉴定。

（5）结果计算和表示。用种子或幼苗鉴定时，用本品种纯度百分率表示。田间小区种植鉴定时，将所鉴定的本品种、异品种、异作物和杂草等均以鉴定植株的百分率表示。

（6）结果报告。在实验室培养室所测定的结果必须填报种子数、幼苗数或植株数。田间小区种植鉴定结果除品种纯度外，可能时还要填报所发现的异作物、杂草和其他栽培品种的百分率。

### （四）水分测定

种子水分是指种子中所含水分的重量占供试种子总重量的百分率。认真进行水分测定，掌握种子水分情况，并及时采取措施，使种子达到并保持标准水分要求，是保证种子储藏运输安全，防止种子劣变的关键。测定种子水分的方法有烘干法、快速检测法等。

由于自由水容易受外界环境条件的影响，所以应采取一些措施尽量防止水分的丧失。如送验样品必须装在防湿容器中，并尽可能排除其中的空气、样品接收后测定；测定过程中的取样、称重需操作迅速等。

**1. 烘干方法** 榨菜种子水分测定采用低恒温烘干法，将样品放置在（103±2）℃的烘箱内烘干 8 小时。

**2. 烘干程序**

（1）铝盒称重。在水分测定前预先准备。将待用铝盒（含盒盖）洗净后，于103℃的条件下烘干1小时，取出后冷却称重，再继续烘干30分钟，取出后冷却称重。当2次烘干结果误差小于或等于0.002克时，取2次重量平均值；否则，继续烘干称重。

（2）预调烘箱温度。按照要求调好烘箱温度，使其稳定在(103±2)℃。如果环境温度较低时，也可以适当预置较高的温度。

（3）制备样品。取样时，先将密闭容器内的样品充分混匀，从中分别取出2个独立的试验样品15～25克，放入磨口瓶中。剩余的送验样品应继续存放在密闭容器内，以备复检。

（4）称重烘干。将样品在磨口瓶内充分混匀，用感量0.001克天平称取4.000～5.000克试样2份，分别放入经过恒重的铝盒，盒盖套于盒底下，记下盒号、盒重盒样品的实际重量，摊平样品，立即放入预先调好温度的烘干箱内，铝盒距温度计水银球2～2.5厘米，然后关闭箱门。当箱内温度回升至规定温度时开始计时，烘干8小时后，带好纱线手套，打开箱门，取出铝盒，迅速盖好盒盖，放在干燥器中冷却到室温后称重。

**3. 结果计算**　根据烘后失去水分的重量计算种子水分百分率，并修约到小数点后一位。

**4. 结果填报**　若一个样品的2次测定间差距不超过0.2%，其结果可用2次测定值的算术平均数表示；否则，需重做2次测定。结果精确度为0.1%。

### （五）种子生活力测定

种子生活力是指种子发芽的潜在能力或种胚所具有的生命力。种子生活力测定方法有四唑染色法、甲烯兰法、红墨水染色法等。

### （六）种子健康测定

种子既是病虫危害的对象，也是病虫传播的媒介。种子健康测定具有检疫检验和种用价值鉴定双重任务，是防止农作物病虫害传播的重要措施。其主要方法有直观观察法、培养检验法、幼苗症状法。

## 三、榨菜种子田间检验

榨菜种子田间检验的项目很多，重点是进行田间隔离情况、病害感染情况、杂草和异作物混入情况、田间作物生长情况、种子成熟和质量情况、品种的真实性和纯度的检验。按照叶色、叶形、叶缘、有无蜡粉、有无刺毛、茎色、抽薹一致性、花形、角果形状、种子形状、颜色等品种特性，在榨菜苗期、营养生长期、始花期、盛花期、种子成熟期进行5次集中除杂，发现杂株立即拔除。如在空间隔离范围内发现其他十字花科作物，必须在现蕾抽薹前拔除干净。通常在榨菜的苗期、花期、成熟期进行多次检查，如果条件不允许，至少应在榨菜品种的特征特性表现最充分、最明显的成熟期检查一次。在检查时，一是要了解情况和检查标签，了解种子的来源，证实品种的真实性；二是要检查隔离情况和种子田的状况；三是取样分析检查品种的真实性和纯度；四是将田间检验的结果与有关标准进行比较，做出接受和淘汰种子田的决定；五是形成田间检验报告。

# 第二节　榨菜种子储藏

榨菜种子收获后进入储藏阶段。若不采用妥善的方法进行保管，种子易发热、霉变、受虫及鼠雀的侵蚀，从而丧失种用价值。采用科学的方法妥为保管，可使种子保持旺盛的生活力，即使在不良的环境条件下，也能安全过关，不致影响发芽率。

## 一、入库前的准备工作

种子入库前的空仓必须打扫干净，清除残存害虫。认真细致地做好仓房清理、清洁工作对于易嵌藏残存种子与仓虫的墙角及地面、墙壁的大小缝隙，用器具剔刮干净。并用纸筋石灰嵌好，壁灰脱落处用纸筋石灰修补好，仓墙一般每年用石灰粉刷一次。创造不利于害虫生存的生态环境。此外，要做好空仓的消毒。刚用石灰粉刷的墙壁，未干之前不宜用敌敌畏喷雾。空仓清毒时，用80%敌敌畏乳油100～200毫克/立方米，一般1～2克敌敌畏兑水1千克喷雾，用药后关闭门窗72小时。存放种子前，再清扫仓库一次。

麻袋、编织袋、箩筐等器具用剔、刮、敲打、暴晒等方法清理，彻底清除其内嵌藏的残存种粒或潜匿的害虫。必要时，用80%敌敌畏乳油200～300毫克/立方米消毒、杀虫，或用磷化铝密闭熏蒸，密闭时间3～15天。注意用敌敌畏或磷化铝消毒、杀虫时，要将铜质、铁质器具迁移，或采用涂黄油、塑料薄膜封闭等方法保护器具，以免被腐蚀。

## 二、仓库存放种子布局要合理

根据种子的储藏特性、仓房的储藏性能及品种的收购计划数量，对仓房做系统安排。仓房密闭防潮性能较差的，存储短期周转的品种或者不易吸潮的种子；仓房密闭防潮性能好的，存储能长期存放的品种；对同一种类而不同的品种合理布局，一个仓库内尽量存放尽可能少的品种个数，这样既便于管理，又有利于提高仓容的利用率。

## 三、种子入库工作

### （一）分品种、分级存放

种子入库时，同一品种按不同等级分开存放；原种、一级种、二级种不能混堆。从外地调入的种子不仅要认真查看标签，进行抽磅，还要仔细查看虫害情况。对于运输途中受潮的种子及时进行翻晒或摊晾，以免种子发热、霉变、结块甚至发芽，丧失种用价值。

### （二）种子的堆包

种子一般采用麻袋或编织袋定量包装的方式。包装种子的堆桩方法较多，有实垛平桩、工字型、半非字型、非字型等。数量少或储藏时间较短的种子通常采用实垛平桩；数量大或储藏时间长的种子常采用工字型、半非字型和非字型的堆垛方法。工字型、半非字型和非字型的堆垛方法，种子堆孔隙大，便于散温散湿，通常称通风垛。采用通风垛堆垛种子，堆垛与堆垛之间、堆垛与墙壁之间一般要保留 50～60 厘米的距离。这样既利于种子堆的通风，又便于日常管理。若遇到仓房紧张、受仓房条件限制的情况，堆垛与墙壁之间的距离可酌情减少，但不宜靠到墙壁。若种子堆垛靠到墙壁上，不仅会增加墙壁的压力而危及仓房的安全，而且近墙壁的种子容易吸潮而发霉变质。堆包时，还要注意把袋口朝里，以免种子撒落混杂。一般堆高 8～10 个，至多不超过 12 个。另外，种子堆好后，在每一堆垛前插上明显标牌，标明品种名称、等级、数量、产地、入库日期。

### （三）种子入库后的管理工作

**1. 保持库内外清洁卫生**　勤打扫，及时清理落地种，经常清除仓外的杂草与垃圾。疏通仓库周围的排水沟，排除污水，做到垃圾、污水、杂草三不留，创造不利于害虫生存的生态环境。

**2. 勤查、细查种储情况，发现问题及时采取有效措施**　一般于 9：00～10：00 检查，主要检查温度、湿度、虫鼠害情况。同时，检查水分、发芽率和发芽势，掌握种子质量动态。检查时，采取先仓外后仓内的步骤。先测记气温、相对湿度和当时的天气情况，再测记仓温、仓湿，然后查看有无鼠迹、雀害等情况。然后测量种子堆内温度，利用查温的空隙查虫。采取定期检查与不定期检查相结合的方式。温度、湿度、虫害、鼠害情况一般每周查 2 次，对于刚入库的种子，每天都要做认真细致地检查。水分、发芽势或发芽率一般每月查 1 次，种子供应前，相应增加 1 次检查。雨天随时查漏情况，开关门窗的时候，细查防鼠雀用具是否完好无损。

**3. 发热种子的处理**　严格种子入库标准，榨菜种子要求净度不低于 98.0%、芽率不低于 85%、水分不高于 7.0%，一般来说种子储藏过程中不会出现发热现象。但若入库种子水分偏高或因种子仓库漏雨、运输途中受潮等原因，就可能使种子发热。对于这种情况，应尽可能在第一时间倒包摊晾、翻晒或烘干，以免种子霉变。

**4. 仓库害虫和微生物的防治**　防止仓库害虫主要有农业防治、检疫防治、清洁卫生防治、机械和物理防治以及化学药剂防治等方法。目前，化学药剂防治所用的药剂主要有磷化铝、敌敌畏、防虫磷等。种子上寄生的微生物种类比较多，但危害储藏种子的主要是真菌中的曲霉和青霉。温度降到 18℃、相对湿度低于 65%，大多数霉菌的活动才会受到抑制。

## 四、种子出库工作

种子出库时，细看种子出库单，认真点件计斤，保证品种准确、数量正确无误。对于零头包及时填写内外标签，注明品种、数量，然后放回原处。

## 五、种子出入库保管账目的管理

### （一）建立种子出入库分品种账目

种子收购入库，凭入库单做好分品种账；种子出库时，凭出库单做好分品种账，每周或每月核对账、物 1 次。查看账、物是否相符。若有溢或损及时填报溢损报告单，确保账、物相符。

### （二）建立种子结算情况登记账目

凭种子提货单做好种子分品种账目，正确掌握种子结算情况。每月底做好月报并上报有关人员。

## 第三节　榨菜种子加工与包装

种子加工是指从收获到播种前利用先进的工程技术手段、专业化的设备和设施，根据种子的生物特性和物理特性，对种子所采取的各种处理。目前，应用的主要加工程序包括种子基本清选、种子干燥、精选分级等，以获得颗粒大小均匀一致、饱满健壮、符合质量标准的优质商品种子。

### 一、种子基本清选

种子基本清选是种子加工过程中必不可少的工序，其目的是清除混入种子中的茎、叶、穗和损伤种子的碎片、其他作物种子、杂草种子、泥沙、石块、空瘪粒等掺杂物，以提高种子纯净度，并为种子安全干燥和包装储藏做好准备。种子基本清选主要根据种子大小和密度两项物理性质进行分离，有时也根据种子形状进行分离，可采用风筛清选机进行分离，适当的筛选和空气吹扬是种子基本清选获得满意结果的关键。

### 二、种子精选

在种子基本清选后，再按种子长度、宽度、厚度、比重等进行分类的工序，其目的是剔除混入的其他作物或其他品种种子及不饱满的、虫蛀或劣变的种子，以提高种子的精度级别和利用率，可提高纯度、发芽率和种子活力等。

### 三、种子干燥

**1. 自然干燥法**　即直接将种子放在阳光充足、通风好的地方进行暴晒。此法存在操作方便、经济性高等优点。但是，在使用时要做好晒场的清理，暴晒的种子要经常翻动。

**2. 人工机械干燥法**　只需要购买一台鼓风机就可以开始操作。此法可以对量大的种子进行烘干处理，在烘干之前，需要建立专用的烘干加热厂。在加热的过程中，还需要控制好热空气排放的温度，避免温度过高影响种子活性。但是，该法干燥效果有限，可以酌情选择。

**3. 干燥剂干燥法**　该方法主要是在需要干燥的种子中加入适当的干燥剂，通过干燥剂吸收种子及储存空间内的水分，从而降低种子内部的含水量。

## 四、种子包装

种子经过筛选、种衣包衣处理后，为了避免品种混杂、病虫害感染现象的发生，应对种子进行包装处理，以提高运输与储运的便捷性。首先，要严格按照包装工作要求进行。选择的种子必须符合包装的要求，使用的包装容器需要具有防水、无菌、质量轻、不易破损等优点。然后，根据种子的播种数量，选择适宜的包装方式进行包装。包装后，要在容器外面贴上种子的名称、生产日期以及种子的各项指标等数据，再将种子的图案绘印在包装袋的另一端。最后，选择的包装容器应具有无菌、防潮湿等优点。这是因为种子是有生命的有机体，若包装容器不能够防止潮湿，就会导致种子吸湿回潮，影响种子活性，降低种子种植后的发芽率。

## 五、种子标签

种子标签是指印制、粘贴、固定或者附着在种子、种子包装物表面的特定图案及文字说明。

种子标签应当标注下列内容：一是作物种类、种子类别、品种名称；二是种子生产经营者信息，包括种子生产经营者名称、种子生产经营许可证编号、注册地地址和联系方式；三是质量指标、净含量；四是检测日期和质量保证期；五是品种适宜种植区域、种植季节；六是检疫证明编号；七是信息代码。

作物种类明确至植物分类学的种。种子类别按照常规种和杂交种标注。类别为常规种的，按照育种家种子、原种、大田用种标注。品种名称应当符合《农业植物品种命名规定》，一个品种只能标注一个品种名称。审定、登记的品种或授权保护的品种应当使用经批准的品种名称。

种子生产经营者名称、种子生产经营许可证编号、注册地地址应当与农作物种子生产经营许可证载明内容一致；联系方式为电话、传真，也可以加注网络联系方式。

质量指标是指生产经营者承诺的质量标准，不得低于国家标准或者行业标准规定；未制定国家标准或行业标准的，按企业标准或者种子生产经营者承诺的质量标准进行标注。质量指标按照质量特性和特性值进行标注。榨菜质量特性按照下列规定进行标注：大田用种品种纯度不低于96.0%，净度不低于98.0%，发芽率不低于85%，水分不高于7.0%。净含量是指种子的实际重量或者数量，标注内容由“净含量”字样、数字、法定计量单位（千克或者克）或者数量单位（粒或者株）三部分组成。

检测日期是指生产经营者检测质量特性值的年月，年月分别用4位、2位数字完整标示。采用下列示例：检测日期：2016年05月。质量保证期是指在规定储存条件下种子生产经营者对种子质量特性值予以保证的承诺时间。标注以月为单位，自检测日期起最长时间不得超过12个月。采用下列示例：质量保证期6个月。

品种适宜种植区域不得超过审定、登记公告及省级农业主管部门引种备案公告公布的区域。审定、登记以外作物的适宜区域由生产经营者根据试验确定。种植季节是指适宜播种的时间段，由生产经营者根据试验确定，应当具体到日。采用下列示例：5月1日至5月20日。

检疫证明编号标注产地检疫合格证编号或者植物检疫证书编号。信息代码以二维码标注，应当包括品种名称、生产经营者名称或进口商名称。

# 第六章 榨菜栽培技术

## 第一节 榨菜无公害育苗技术

榨菜是浙江省的主要经济作物之一，榨菜播种时间正好是蚜虫危害严重的时期，对榨菜播种育苗十分不利，易引起病毒病危害，对产量、质量影响很大。近年来，榨菜病毒病危害重、面积大，有的地块甚至绝产。根据历年研究结果，榨菜病毒病的发生主要是育苗期间蚜虫危害的结果。

针对这一状况，余姚市农业技术推广服务技总站联合余姚市黄家埠镇农业技术服务站在榨菜育苗期间，通过不同的设施覆盖来防治病毒病，设防虫网、遮阳网、银色地膜和农民常规育苗共4个处理：①防虫网。播种后立即搭好小弓棚（高度1.2米），把防虫网遮盖严实到移栽，以防蚜虫危害。遇农事操作，揭掉防虫网，操作完毕立即盖好。②遮阳网。榨菜出苗后，采用遮阳网覆盖（高度70厘米），通过降低地温的方法来避蚜，遇阴雨天不盖。③银色地膜。播种后，四周铺设宽1米的银色地膜驱蚜。④常规。无设施常规育苗。每个处理的面积均为10平方米，施肥及防治病虫害等有关农事操作一致，每个处理的秧苗生长期都不防治蚜虫。2003年10月5日播种，10月7～15日，对遮阳网和常规处理，在天气晴朗的时候，每天分别在9：00、14：00和16：30测地表温度3次（表6－1）。各处理在苗期定期调查蚜虫危害数量。移栽后，调查榨菜的农艺学性状，观察病毒病发生情况（表6－2、表6－3）。

表 6-1 晴天不同时间地表平均温度变化情况

| 处　理 | 遮阳网 | | | 常　规 | | |
|---|---|---|---|---|---|---|
| 时间 | 9：00 | 14：00 | 16：30 | 9：00 | 14：00 | 16：30 |
| 温度（℃） | 19.3 | 26.1 | 22.0 | 23.0 | 30.2 | 25.7 |

表 6-2 出苗后 40 天生育情况

| 性状 | 处　理 | | | | | | | | | | | |
|---|---|---|---|---|---|---|---|---|---|---|---|---|
| | 防虫网 | | | 遮阳网 | | | 银色地膜 | | | 常　规 | | |
| | 株高（厘米） | 叶数 | 最大叶（厘米） | 株高（厘米） | 叶数 | 最大叶（厘米） | 株高（厘米） | 叶数 | 最大叶（厘米） | 株高（厘米） | 叶数 | 最大叶（厘米） |
| 数值 | 23.8 | 3.3 | 9.5×27 | 14.2 | 2.5 | 7.3×19.7 | 17.0 | 3.0 | 6.8×19 | 9.7 | 2.8 | 6.0×13 |

表 6-3 移栽后农艺学性状（移栽时间 11 月 26 日）

| 处理 | 时　间 | | | | | | | | | | | |
|---|---|---|---|---|---|---|---|---|---|---|---|---|
| | 12 月 15 日 | | | | 2004 年 1 月 15 日 | | | | 2 月 15 日 | | | |
| | 株高（厘米） | 叶数 | 开展度（厘米） | 最大叶（厘米） | 株高（厘米） | 叶数 | 开展度（厘米） | 最大叶（厘米） | 株高（厘米） | 叶数 | 开展度（厘米） | 最大叶（厘米） |
| 防虫网 | 17.6 | 3.7 | 26.0×13.2 | 20.2×9.0 | 10.5 | 3.6 | 34.0×14.0 | 21.5×9.7 | 30.3 | 3.7 | 26.5×19.0 | 29.3×13.2 |
| 遮阳网 | 8.2 | 3.0 | 19.5×10.0 | 14.6×6.0 | 7.0 | 3.0 | 22.0×11.3 | 14.5×6.6 | 20.1 | 3.1 | 20.2×15.0 | 18.2×9.6 |

到移栽时，防虫网内秧苗未见有明显病毒病苗，遮阳网处理还有健株 56 株可移栽，其他 2 个处理无健株可移栽。据 2004 年 1 月 15 日调查，防虫网处理的病毒病苗占总苗数 9.94%，遮阳网处理的病毒病苗占总苗数 67.86%。据 2004 年 2 月 15 日调查，防虫网处理发生病毒病苗数 130 株，占 18.2%；遮阳网处理发病数量和 1 月 15 日的数量相比，没有显著差异。而常规大田育苗期防治蚜虫 4 次，到 2 月 15 日调查病毒病时，发生率只有 9.2%。

为切实解决榨菜病毒病问题，有效提高产量，桐乡市农业技术推广中心以浙桐1号为试验材料，进行了不同播种期试验，以期筛选出播种期。设5个播种期：播期1、播期2、播期3、播期4、播期5，分别为2012年9月25日、9月30日、10月5日、10月10日和10月15日。

榨菜从播种至结球，为105～107天，5个处理差异不大；从播种至收获，为169～184天，其中9月25日早播的榨菜，生育期最长，为184天；10月15日播种的榨菜，生育期最短，为169天。10月5日和10月10日播种的榨菜，生育期差异不大，分别为172天和173天（表6-4）。

**表6-4　不同播种期对榨菜生育期的影响**

| 处　理 | 播种期（月-日） | 出苗期（月-日） | 移栽期（月-日） | 结球期（月-日） | 收获期（月-日） | 播种至结球期（天） | 播种至收获期（天） |
|---|---|---|---|---|---|---|---|
| 播期1 | 9-25 | 10-2 | 10-27 | 1-10 | 3-27 | 107 | 184 |
| 播期2 | 9-30 | 10-5 | 10-30 | 1-14 | 3-25 | 106 | 177 |
| 播期3 | 10-5 | 10-9 | 11-5 | 1-18 | 3-25 | 105 | 172 |
| 播期4 | 10-10 | 10-14 | 11-10 | 1-24 | 4-1 | 106 | 173 |
| 播期5 | 10-15 | 10-20 | 11-20 | 1-28 | 4-1 | 105 | 169 |

由表6-5可知，不同播期处理中，10月5日播种，单球重最重，为155.6克；其次为10月10日播种，单球重为150.5克；9月25日播种，单球重最轻，为137.4克。

**表6-5　不同播种期对榨菜农艺性状的影响**

| 播种时间 | 单球重（克） | 外叶数（张） | 球型 | | 球型指数 |
|---|---|---|---|---|---|
| | | | 球高（厘米） | 直径（厘米） | |
| 9月25日 | 137.4 | 5 | 6.3 | 6.4 | 0.98 |
| 9月30日 | 143.2 | 6.4 | 8.3 | 5.75 | 1.44 |
| 10月5日 | 155.6 | 6.1 | 8.5 | 6.4 | 1.33 |

（续）

| 播种时间 | 单球重（克） | 外叶数（张） | 球型 | | 球型指数 |
|---|---|---|---|---|---|
| | | | 球高（厘米） | 直径（厘米） | |
| 10月10日 | 150.5 | 5.3 | 6.7 | 6.9 | 0.97 |
| 10月15日 | 144.4 | 4.7 | 6.6 | 6.5 | 1.02 |

根据病毒病调查，从播期上看，播种期早，发病也早、发病率高，随着播种期的推迟，发病率逐渐降低。其中，10月15日播种的，发病指数最低，为9.08；10月5日播种的，发病指数为12.68；9月25日播种，发病指数最高，为30.94（表6－6）。

**表6－6　不同播种时间对榨菜病毒病发病率的影响**

| 调查日期 | 病情指数 | | | | |
|---|---|---|---|---|---|
| | 9月25日 | 9月30日 | 10月5日 | 10月10日 | 10月15日 |
| 4月4日 | 30.94 | 22.14 | 12.68 | 11.14 | 9.08 |

注：病情指数＝$\frac{\sum[\text{各级病叶数}\times\text{相应级数}]}{\text{调查总叶数}\times\text{最高分级数}}\times100\%$。

不同播期处理，亩产量为2 640.57～3 942.98千克（表6－7）。其中，10月5日播种（播期3）与10月10日播种（播期4）两个处理产量相近，10月5日播种的亩产量最高，为3 942.98千克，10月10日的亩产量为3 701.50千克；9月25日（播期1），亩产量最低，为2 640.57千克；9月30日播种的（播期2）与10月15日播种的（播期5），亩产量较低，分别为2 763.72千克、3 295.57千克（表6－7）。

**表6－7 不同播种时间对榨菜产量的影响**

| 播种时间 | 小区面积（平方米） | 小区产量（千克） | | | 小区平均产量（千克） | 折合亩产（千克） |
|---|---|---|---|---|---|---|
| | | 重复1 | 重复2 | 重复3 | | |
| 9月25日 | 9 | 35.25 | 34.75 | 36.95 | 35.65 | 2 640.57 |

（续）

| 播种时间 | 小区面积（平方米） | 小区产量（千克） | | | 小区平均产量（千克） | 折合亩产（千克） |
|---|---|---|---|---|---|---|
| | | 重复 1 | 重复 2 | 重复 3 | | |
| 9 月 30 日 | 9 | 38.23 | 38.5 | 35.2 | 37.31 | 2 763.72 |
| 10 月 5 日 | 9 | 46.12 | 57.1 | 56.47 | 53.23 | 3 942.98 |
| 10 月 10 日 | 9 | 45.7 | 51.9 | 52.3 | 49.97 | 3 701.50 |
| 10 月 15 日 | 9 | 45.5 | 43.2 | 44.77 | 44.49 | 3 295.57 |

结合试验结果可以看出，培育无病毒病壮苗是获得优质高产的关键，防治病毒病应采取综合措施。根据多年实践，生产上可以采取以下措施以减轻病毒病的危害：

**1. 实行轮作，远离毒源**　榨菜苗床及大田栽培要求轮作一年以上，不宜选择白菜、萝卜等十字花科蔬菜为前作或邻作，远离毒源作物。苗床要求肥沃且邻近水源。

**2. 适期播种**　根据 2012 年的气候特点，要求在 10 月 5 日前后播种为宜。目前，浙江北部地区不少菜农常常提早播种，有的甚至在 9 月 20 日之前播种。由于此时气温尚高，雨水少，气候干燥，正值秋蚜重发期，特别是有翅蚜密度高、活动频繁，病毒传播速度快，容易发生病毒病。而且，在提早播种的情况下，幼苗移栽后大田蚜虫量也较多，给防蚜带来困难，榨菜受害时间长，发病重。另外，播种过早时，越冬前植株过大，年前即有瘤状茎膨大，年后则在年前形成的瘤状茎上面再形成瘤状茎，形成了上下部大小瘤状茎现象。这种瘤状茎不仅外观品质下降，而且纤维素增加，降低产品品质。如播种过迟，则由于年前植株偏小，抗性差、容易发生冻害，造成年后发棵迟，从而难以获得高产。

**3. 保持苗床潮润**　苗床要保持一定的湿度，以提高秧苗成活率，并且湿润的环境能减少无翅蚜向有翅蚜的转变，病毒病的传播主要通过有翅蚜，从而减轻病毒病的发生率。

**4. 适当提高播种密度，建议采用防虫网育苗**　适当提高播种密度有利于提高和保持地表湿润，一般每亩苗床播种 750 克左右，育成的秧苗可定植大田 7～8 亩。苗期遇干旱要进行抗旱保湿。有条件可采用小拱棚防虫网育苗，可以杜绝蚜虫，减少病毒病传播机会，有利于培育健康壮苗。但在采用防虫网育苗的情况下，播种密度应适当降低。而且，在定植前 7 天左右撤除防虫网锻炼秧苗，使其能尽快适应大田环境。

**5. 加强肥水管理** 苗床应施用腐熟的人粪尿做基肥，每亩施 1 000 千克，出苗后施少量尿素，中期浇施一次复合肥 5 千克，以增强抗性。苗龄 35～40 天、5～6 叶期，带土移栽。移栽时，将过长的根系用剪刀剪除。栽后遇干旱应注意浇（灌）水抗旱，确保活棵缓苗。

**6. 及时而彻底地防治蚜虫** 播种前每亩苗床用 5%二嗪磷颗粒剂或 3%护地净颗粒剂 2～3 千克撒施，以防治地下害虫。出苗后用 10%一遍净等农药治蚜 3 次，时间分别在 10 月上中旬、10 月下旬及定植前。大田移栽后治蚜 2 次。喷药的重点是秧苗（植株）生长点、叶片背面，并注意对周围菜地、杂草进行喷雾。

现将榨菜播种育苗技术要点介绍如下：

（1）选用良种。根据各地不同栽培模式及市场行情需要，建议春榨菜选择适应性广、耐肥性好、抗逆性强、抽薹迟、空心率低、丰产性好、适合加工的半碎叶品种为主，秋冬榨菜可选择早熟性好、适合鲜销的板叶品种；春榨菜品种以缩头种、甬榨 2 号为主，同时也可推广示范甬榨 5 号、甬榨 6 号等品种。温州瑞安等地的冬榨菜则以香螺种、冬榨 1 号为主。种子要求饱满，发芽势强。

（2）备好苗床。苗地应选择两年内未种过十字花科蔬菜、茄果类蔬菜的田块，要求地势较高不易受淹、土壤肥沃疏松、保水保肥力强、灌溉方便，并远离其他十字花科蔬菜基地，以减少虫源和病源，按 1∶10 的秧本比，留足苗床，畦面宽连沟 1.2～1.5 米，播前 10 天深翻土壤，结合整地亩施商品有机肥 150～200 千克，过磷酸钙 15～20 千克，整成龟背形，并做好地下害虫防治措施。有条件的菜农可采用穴盘或基质育苗，以提高壮苗率；也可采用直播、机器播种栽培方式，可推迟播种，无移栽缓苗期，省工节本。

（3）适期播种。春榨菜播种期一般9月底至10月上旬，冬榨菜播种期以9月上中旬为好。播种时，应结合种植规模、移栽进度等因素，分期分批播种为宜，切忌盲目提早或过迟，过早播种气温高，害虫多，病毒病重，而且榨菜瘤状茎形成早，易受冻害；过迟播种则冬前生长短，秧苗易受冻，瘤状茎小，产量低。播种前，需采取晒种、药剂拌种等方式处理种子。一般以晴天或阴天下午播种为好，每亩播种量400克左右，播后轻拍畦面覆盖细土，不宜过厚。为预防暴晒和雨水冲刷，播后提倡采用遮阳网覆盖等遮阳措施，以保持土壤墒情。直播的可推迟到10月20日前后播种，亩播种量100克左右。

（4）培育壮苗。榨菜出苗后应及时揭掉遮阳网，搭好拱棚，覆盖防虫网，进行全程隔离育苗；出苗后及时删苗，去劣去杂去病株，尽量做到互不挤苗，一般间苗2～3次，每隔7天1次；间苗后施薄肥，保证秧苗健壮生长，并视天气情况早晚洒水保湿润。榨菜苗龄一般35天左右开始移栽，移栽前一周适当控肥控水、炼苗；移栽前3天施好起身肥、浇足水、防好病虫，做到“带药带肥”移栽，以提高移栽成活率。

（5）防病治虫。蚜虫和烟粉虱是榨菜育苗期的主要病虫害，除直接危害外，还传播病毒病。因此，做好蚜虫和烟粉虱的防治，是培育壮苗的关键措施。一般在齐苗期、齐苗后一周和移栽前喷施防虫药剂各1次，可选用50%氟啶虫胺腈3 000倍液或10%烯啶虫胺水剂1 500倍液等喷雾防治。

## 第二节　部分除草剂在榨菜上的应用

重庆市渝东南农业科学院为筛选合适的机械直播榨菜田间

除草剂，研究了5种除草剂对机械直播榨菜田间杂草的防效，以及对榨菜生长、产量的影响。结果表明：榨菜田间主要杂草种类为繁缕和空心莲子草。双丰双除和黄金盖对榨菜田间杂草防治效果好，防效在90%以上，药效持续时间长；对榨菜生长的影响小，不会导致减产。双丰双除和黄金盖可作为榨菜田间除草剂，在杂草生长初期，每亩用125克兑水60千克喷施1次即可。人工除草初期杂草防治效果较好，但持续时间短，费时费工，成本高。

余姚市黄家埠镇农业技术服务站经过多年试验，结果表明：每亩施用48%拉索乳油100毫升：无明显药害状。48%拉索乳油200毫升：症状从1月上旬开始表现，一直持续到3月下旬慢慢恢复，对产量影响明显，减产30%左右，但无药害直接造成的死亡株，症状主要表现为植株矮缩，绿叶数明显减少，叶色成淡黄。48%拉索乳油400毫升：症状从1月上旬开始表现，比处理1、处理2更明显，一直持续到3月下旬慢慢恢复，对产量影响明显，减产50%左右以上，有约15%药害直接造成的死亡株，症状主要表现为植株严重矮缩，不到正常植株的1/3，绿叶数明显减少，叶色绿中带淡黄或紫色。90%禾耐斯50毫升：症状从1月上旬开始表现，一直持续到3月下旬慢慢恢复，对产量影响明显，减产20%左右，但无药害直接造成的死亡株，症状主要表现为植株矮缩，绿叶数明显减少，叶色成淡黄。90%禾耐斯100毫升：症状从1月上旬开始表现，一直持续到3月下旬慢慢恢复，对产量影响明显，减产40%左右，有5%药害直接造成的死亡株，症状主要表现为植株严重矮缩，似病毒病症状，绿叶数明显减少，叶色黄化，部分叶片成紫色。90%禾耐斯200毫升：症状从1月上旬开始表现，一直持续到3月下旬慢慢恢复，对产量影响明显，减产60%左右，有10%药害直接造成的死亡株，症状主要表现为植株严重矮缩，不到正常植株的1/3，似病毒病症状，绿叶数明显减少，心叶色黄化，最外叶成紫色。60%

丁草胺乳油 100 毫升：无药害状。60%丁草胺乳油 200 毫升：无明显药害状，只有部分叶片比正常叶色稍黄，对产量无多大影响。60%丁草胺乳油 400 毫升：药害较明显，部分叶片泛黄，植株矮缩，但恢复快，但产量有一定影响。33%丰光乳油 150 毫升：无药害状。33%丰光乳油 300 毫升：药害症状明显，植株严重矮缩，大小不到正常植株的 1/4，有 12%药害直接造成的死亡株，叶片色黄，有的呈紫色，减产 25%左右。33%丰光乳油 600 毫升：药害症状非常明显，植株严重矮缩，有 25%药害直接造成的死亡株，叶片色黄，有的呈紫色，减产 50%以上。

## 第三节　榨菜施肥新技术

近年来，榨菜生产上存在着不少问题，如农民为了过分追求产量，盲目施肥、过量施肥现象普遍。这不仅造成农业生产成本增加，生态环境严重污染，而且还严重威胁着农产品产量和品质。最为明显的是榨菜普遍出现了病害多、质量差等问题，直接影响了榨菜的加工品质和成品品质，使榨菜产业受到严重威胁。

为此，国内的榨菜科技人员试验研究了榨菜一次性施肥技术和测土配方施肥技术，现介绍如下：

重庆市渝东南农业科学院科技人员采用田间试验方法，研究了不同肥料不同施肥水平对榨菜产量和经济效益的影响。结果表明：芭田复合肥料和沃夫特控释掺混肥两种肥料增产幅度较大。其中，芭田复合肥料平均产量 2 096.7 千克/亩，比常规施肥增产 7.0%；沃夫特控释掺混肥平均产量为 2 040.0 千克/亩，比常规施肥增产 4.1%。采用芭田复合肥料增产增收效果最好。用芭田复合肥料、沃夫特控释掺混肥一次性施肥，可比常规施肥显著减少化肥施用量，其中芭田复合肥料总养分比常规施肥减少 35.47%，纯

N施用量减少57.77%，$P_2O_5$施用量减少17.5%；沃夫特控释掺混肥总养分比常规施肥减少36.9%，纯N施用量减少43.7%，$P_2O_5$施用量减少40.0%。采用一次性施肥方式，每亩比常规施肥节省用工0.5个，节省人工成本30元。生产上可使用芭田复合肥（21-11-13）或沃夫特控释掺混肥（28-8-8）作为榨菜一次性施肥品种，施肥时间为榨菜定植后7天左右，肥料用量为45千克/亩。

重庆工贸职业技术学院采用田间试验与室内化验分析方法，研究了5种试制的纳米长效复合肥对榨菜产量和品质的影响。结果表明，纳米长效复合肥能减缓尿素分解速度，从而持久均衡地为榨菜生长提供氮素，提高产量与品质。使用其中一种纳米长效复合肥，可实现一次性施肥，并能提高产量和品质，增加经济效益，具有良好的推广应用前景。

余姚市泗门镇农业技术服务中心根据泗门镇榨菜生产区的实际，分不同的前作、不同的土壤类型，采用GPS定位，共取土样72个，宁波市农业环境与农产品质量监督管理总站分析化验了土样的pH、有机质、水解性氮、有效磷、速效钾等项目。项目区榨菜地土壤养分：水解性氮含量33～427毫克/千克，有效磷含量为7.8～87.1毫克/千克，速效钾为37.7～271毫克/千克，有机质含量0.36%～1.77%。土壤中有机质、钾含量大多处于中等水平，氮、磷含量比较丰富。根据土样测试结果，项目组根据榨菜需肥规律和余姚市榨菜生产地方标准，制订榨菜测土配方施肥方案。榨菜配方施肥总原则为控氮、稳磷、增钾，增施有机肥料。具体的施肥建议：基肥为亩施腐熟有机肥2 000千克左右，加复合肥30～40千克，翻耕时毛田施入；苗肥为移栽后亩施尿素4～5千克（或相应肥料）加水浇施，促进还苗；腊肥为1月下旬，亩施碳铵25千克加过磷酸钙20千克加氯化钾5千克，加水浇施；重肥为2月下旬施重肥，要求氮钾共施，亩施尿素25千克加氯化钾12.5千克，隔7～10天，视生长情况适施尿素与氯化钾，即尿素5千克加氯化钾7.5千克。收获前一个月停止施肥。试验结果表明，在四塘江以南区域，榨菜生产过程中适合应用处理四方案进行施肥。该方案能比常规施肥亩增产8%以上，减少亩肥料成本近31元，降低榨菜空心率3.4%～10%，以榨菜平均产量3 500千克，榨菜鲜头0.46元/千克计算，每亩节本增收160元。在四塘江以北区域，榨菜生产过程中适合应用处理二方案进行施肥。该方案能比常规施肥亩增产6.6%以上，减少亩肥料成本近60元，降低榨菜空心率3%～10%，以榨菜平均产量3 500千克，榨菜鲜头0.46元/千克计算，每亩节本增收166元。

农户普遍意识到当前榨菜生产中的施肥技术容易引起榨菜空心多、病斑多、烂头多的现象，而榨菜测土配方施肥技术不仅能节本、增收，还能提高榨菜品质，其经济效益、社会效益、生态效益显著。该技术应用推广前景广阔。

## 第四节　榨菜病虫害防治技术

榨菜生产上最主要的病虫害是病毒病和蚜虫。近年来，在一些地区根肿病和白锈病发生也比较普遍，其他如软腐病、霜霉病、黄曲条跳甲等偶有发生。另外，在榨菜留种上，还有菌核病、霜霉病、软腐病、小菜蛾等主要病虫害。

### 一、榨菜病害及其防治

#### （一）病毒病

榨菜病毒病，俗称毒素病。榨菜植株染病后，初期在叶片上形成明脉，后产生深绿、浅绿相间的斑驳，严重病株叶片皱缩畸形，植株矮化，也有病株半边矮缩，形成“半边疯”。榨菜在苗期或大田前期感染病毒病，植株皱缩矮化而影响瘤状茎的膨大；

后期发病者，瘤状茎虽然能够膨大，但产量和品质明显下降，因此榨菜病毒病严重威胁了榨菜的生产。病毒病危害榨菜植株后，根据植株发病的严重程度可分为 5 个等级：

零级：植株生长正常，不发病。

一级：植株有少量病叶，出现明脉、皱缩或花叶，感病叶片数占全株叶片数的 1/3 以下，对产量的影响不明显。

二级：植株病叶较多，占全株叶片总数的 1/3～1/2，病叶皱缩、花叶明显，植株生长受阻，达到了影响产量的程度。

三级：植株病叶较多，占全株叶片总数的 1/2 以上，病叶皱缩、花叶、扭曲显著，植株生长严重受阻、矮缩，显著影响产量。

四级：全株显现症状，无一健康叶片，叶片皱缩、退绿、严重畸形，植株严重矮缩，瘤状茎几乎不能形成，产量受到严重影响，甚至毫无收成。

防治方法：影响榨菜病毒病是否发生以及发病轻重的因素是多方面的，为了防治榨菜病毒病发生或减轻病毒病的危害，许多科技工作者进行了长期的研究，提出以下防治榨菜病毒病的综合措施：

**1. 合理轮作** 研究结果表明，合理轮作是控制病害的有效措施。在十字花科作物间，应该实行轮作和间隔种植，并铲除田埂杂草和注意田园清洁，减少蚜虫的栖息场所和传毒机会。特别是榨菜育苗地，一定要选择近 3 年未种过十字花科作物的田块，并远离毒源植物。

**2. 选择适宜的播种期** 播种期与榨菜病毒病的发病率有密切的关系，适当延迟播种可降低发病率。

**3. 种子钝化处理** 播种前，种子用 10％磷酸三钠处理 10 分钟，以钝化病毒，减轻病毒病的危害。如表 6－8 所示，可以看出，经过种子钝化处理的，其发病指数为 16.91，比 CK 下降了 15.07％。

表 6-8　种子钝化处理对榨菜发病率的影响

| 处　理 | 病情指数 |
| --- | --- |
| | 4月4日 |
| 10%磷酸三钠浸种 10 分钟 | 16.91 |
| 55℃温水浸种 10 分钟 | 19.26 |
| 不处理（CK） | 19.91 |

**4. 采用防虫网育苗、地膜覆盖栽培**　防虫网育苗、地膜覆盖栽培能够有效地降低甚至杜绝有翅蚜这种传毒媒介，对榨菜病毒病的发生具有良好的预防效果，尤其是在发病严重的年份，防虫网育苗、地膜覆盖栽培的防病效果更是明显。

**5. 适时防治蚜虫**　蚜虫，尤其是有翅蚜虫是传播病毒的主要途径，及时有效地控制蚜虫是预防榨菜病毒病的关键。出苗后，可用10%吡虫啉 1 500 倍液或 25%吡蚜酮 2 500 倍液喷雾防治 1～2 次，时间分别在 10 月中旬及定植前。定植前，要做到带苗、带土、带药。

**6. 药剂防治**　病毒病发病初期，可用 20%病毒 A 或 20%病毒灵或 20%病毒 K 可湿性粉剂 500～700 倍液喷雾，每 7 天喷雾一次，连续 3 次。

### （二）白锈病

白锈病是近年来发生的危害榨菜的一种主要病害。在浙江东部春榨菜产区，一般年份白锈病发生率在 10%～30%，严重的年份则高达 50%。在有些地区，有人将白锈病误诊断为白粉病。实际上，该病是白锈病，两者的防治方法不同。白锈病是真菌性病害。一般发生于叶片背面，初产生淡黄色斑点，稍后病斑处叶表皮隆起呈白色脓疱状（孢子堆），周围有褪色晕带，最后病斑处叶片表皮破裂反卷，散出白色粉末状物，为病菌孢子囊。白色疱斑对应叶片的正面呈浅黄色，边缘不明显。有的发病叶片上疱斑多达几十个，使整个叶片发黄，失去功能叶的作用。留种植株的茎花梗上发病的初期症状与叶片上的症状相似，后期膨大扭曲成畸形，花器受害较严重，且不能结实。温暖地区该病菌无越冬现象，在寒冷地区则以卵孢子随同病残组织在土中越冬，菌丝体也能在多年生寄主的根茎内越冬，并产生孢子囊。卵孢子及孢子囊借风雨传播，以萌发芽管从寄主气孔侵入。一般多在秋末冬初或春季发生，最适宜的发病温度为10～15℃，常在连续几天阴雨后，气温逐渐回升时盛发或流行。地势低洼、排水不良、田间湿度大、偏施氮肥的田块容易发病。

防治方法：

**1. 农业防治** 避免连作，与非十字花科蔬菜进行隔年轮作。收获后，及时清除田间病残体。加强田间管理，开好横直沟，清沟排水，降低地下水位和田间湿度，防止田间积水。

**2. 种子消毒** 可用种子重量0.3%的35%甲霜灵拌种。应用干种子拌种，拌种后立即播种。

**3. 药剂防治** 发病初期喷药保护，每亩可用80%戊唑醇可湿性粉剂5～8克、或64%杀毒矾可湿性粉剂500倍液、或30%嘧菌酯悬浮剂20克等药剂喷雾防治，每7～10天喷雾一次，连续2～3次。上述药剂交替使用。

### （三）软腐病

软腐病属于细菌性病害，在苗期、瘤状茎膨大期均会发生，尤其以瘤状茎膨大后期、接近采收时，软腐病发生得相对较多。采用大株或中株留种的榨菜种子生产田内，软腐病发生也较为严重。软腐病的症状为近地面的茎部发生水渍状软腐病斑，有强烈臭味。发病初期叶片呈暂时萎蔫，后来则永久萎蔫，茎叶基部产生不规则病斑，水渍状略凹陷，病斑表面稍皱缩，起初并不破裂，用手摸感觉光滑，以后则破裂并流出黏液，有恶臭，病斑可蔓延到茎及根部。

防治方法：

**1. 加强田间管理** 田间操作应尽量避免造成植株伤口，以防病菌侵入；应严格实行轮作，避免与芥菜类蔬菜、白菜等连作；实行深沟高畦栽培，加强排水，做到雨停田干；施用经充分腐熟的有机肥；清洁田园，早期病株拔除深埋或高温堆肥，病穴撒施生石灰消毒；避免偏施氮肥，增施磷、钾肥，以增强植株对病菌的抵抗能力。

**2. 彻底除虫** 注意早期防治地下害虫，苗期对黄曲条跳甲、菜青虫等应合理防治，以免这些害虫使植株产生伤口、传染病菌。

**3. 合理轮作** 避免与十字花科作物连作，并适时播种定植，最好与葱蒜类蔬菜等间套作，以减轻甚至杜绝软腐病的发生。

**4. 药剂防治** 在发病初期，每亩可用72%农用硫酸链霉素4 000倍液、或2%春雷霉素可湿性粉剂2～3克、或30%噻森铜悬浮剂30～40.5克等药剂喷雾防治，每7天一次，连续2～3次。

### （四）霜霉病

霜霉病主要危害叶片。叶片受侵染后，在叶片正面产生水渍状、淡绿色斑点，逐渐扩大为黄色至黄褐色的多角形或不规则形病斑，边缘不明显，背面产生白色霉层。成株叶片正面产生微凹陷，黑色至紫黑色，多角形或不规则形病斑，病斑背面长出霜状霉层，但多呈现灰紫色。重庆市渝东南农业科学院科研人员研究了榨菜的霜霉病致病菌，休眠孢子囊萌发的最适温度在16～18℃，最佳点在17℃；最适pH 4.0～5.2，最高萌发率出现在pH 4.4；最适湿度在75%～85%，最佳点在80%。

防治方法：

**1. 农业防治** 选用抗病品种，与非十字花科蔬菜进行轮作，深沟高畦，降低地下水位和田间湿度，减少霜霉病发生的概率。

**2. 药剂防治** 可在发病前或发病初期，每亩用58%甲霜·锰锌水分散粒剂87～104.4克，或者用80%代森锰锌可湿性粉剂500～600倍液或72%霜脲氰·代森锰锌可湿性粉剂600～800倍液等喷雾防治。隔5～7天防治一次，连续防治3～4次。

### （五）黑斑病

黑斑病为榨菜的一般性病害，分布广泛，发生普遍，但一般发病较轻，对榨菜生产影响不明显。发病严重时，病株率可达80%～100%，4～8片外叶因病坏死，在一定程度上影响榨菜生产。主要危害叶片，特别严重时侵染叶柄。病斑叶两面生，圆形至近圆形，黄褐至红褐色，具不明显同心轮纹，大小为2～10毫米。病斑周围常具浅黄色晕环。空气潮湿时，病斑表面产生灰黑色霉状物。空气干燥，病斑易破裂穿孔。

防治方法：

**1. 农业防治** 注意与非十字花科蔬菜轮作，搞好田园清洁，收获后彻底清除病残组织及落叶，生长期及时清除病叶，减少菌种源。施足有机底肥，配合增施磷钾肥，生长期适时追肥和浇水，避免植株脱肥早衰，增强寄主抗病能力。

**2. 药剂防治** 发病初期，可选用50%异菌脲可湿性粉剂1 200倍液、10%苯醚甲环唑水分散粒剂2～3克、80%代森锰锌可湿性粉剂800倍液等喷雾防治。结合防治细菌性病害，还可选用47%春雷·氧氯铜可湿性粉剂600～800倍液喷雾，7～10天防治一次，根据病情防治1～3次。

### （六）菌核病

榨菜菌核病为真菌性病害，为榨菜留种田的一种主要病害。成株期各部位均可发病，但以茎秆上发病为主。温度低而湿度大时发病严重，在榨菜留种田，菌核病一般在3～5月发生。先从主茎基部或侧枝5～20厘米处开始，初呈淡褐色水浸状病斑，稍凹陷，渐变灰白色，湿度大时也长出白色菌丝，皮层霉烂，在病茎表面及髓部形成黑色菌核，干燥后髓空，病部表皮易破。

防治方法：

**1. 农业防治**　选用没有病菌的种子；清除附着在种子上的菌核。选择地势高燥、排水良好的田块进行育苗或定植。严格轮作，增施磷钾肥，实行深耕，阻止菌核萌发。及时剪除病枝、病叶，拔除病株，以防病害继续恶化。加强田间管理，包括通风透光，开沟排水，降低湿度等。

**2. 药剂防治**　发病初期，可选用70%甲基硫菌灵可湿性粉剂800倍液，或50%多菌灵可湿性粉剂500倍液、40%菌核净可湿性粉剂1 500倍液、65%甲霜灵可湿性粉剂800倍液、50%多霉灵可湿性粉剂600倍液、45%噻菌灵悬浮剂800倍液、45%乙烯菌核利可湿性粉剂1 000～1 200倍液等药剂喷雾，每5～7天喷一次，连续2～3次。在发病初期，可将70%甲基硫菌灵可湿性粉剂或50%多菌灵可湿性粉剂调成糊状，直接涂于患处（主要用于枝条发病），效果甚佳。大棚制种可推广粉尘剂和烟剂，如10%腐霉利烟剂或45%百菌清烟剂，每亩250克，隔10天一次，连熏2～3次。也可使用5%百菌清粉尘剂量，每亩1 000克。

## 二、榨菜虫害及其防治

### （一）蚜虫

蚜虫是榨菜生产上最为严重的害虫，以成虫或若虫在叶背或嫩茎上吸食榨菜汁液，幼苗嫩叶及生长点被害后，叶片卷缩，幼苗萎蔫甚至死亡，老叶受害，提前脱落，造成瘤状茎减产。它不仅直接危害榨菜植株，而且更为严重的是传播病毒，引起病毒病的大量发生。危害榨菜的蚜虫主要是萝卜蚜和桃蚜。蚜虫喜群集叶背，以其刺吸式口器吸取汁液，被害叶片发黄，叶片皱缩下卷，植株生长受阻，甚至矮缩枯死。萝卜蚜和桃蚜常常混合发生，它们有春秋两个发生盛期，在发生盛期可见 4～5 个迁飞高峰，尤其以秋季的发生盛期最为明显。严冬及入夏后的低温及高温多雨天气，蚜虫的发生量较少，有翅蚜的繁殖和迁飞均收到抑制，但仍能在榨菜或其寄主植物上繁殖危害。据调查，蚜虫一年可发生 20～30 代，萝卜蚜繁殖的适宜温度为 15～26℃，桃蚜为 7～29℃；有翅萝卜蚜在日平均温度 12℃以上时迁飞，而桃蚜在 7℃时即能迁飞。高温干燥有利于这两种蚜虫的生长繁殖，高温多雨以及低温多雨对蚜虫的生长繁殖不利。榨菜苗期如果遇到高温干燥天气，则预示着蚜虫将大量发生，病害也将大流行。蚜虫虫体较小，繁殖能力强，寄主复杂，危害期长，又是传毒媒介，故在这种情况下必须特别做好治蚜防病工作。

防治方法：

**1. 选择适宜的育苗场地**　育苗地应严格轮作，选择非十字花科作物的土地做苗床地。苗床制作前，彻底清除残留植物，并用 1 500 倍的 10％一遍净喷洒土壤。

**2. 适时播种，防虫网育苗**　在不影响季节的前提下，应该适当延迟播种，尽量与蚜虫盛发期错开或缩短与蚜虫盛发期重叠的时间，这样能有效地减少蚜虫的危害。同时，最为有效的措施是采用防虫网育苗，通过避蚜，使得病毒病的发病率大为降低，从而提高了瘤状茎的产量。

**3. 保持田间湿润**　蚜虫喜高温干旱，在较低的温度和较高的湿度下，其繁殖、生长、迁飞能力均受到抑制。故育苗的苗床地在整地前，应灌水，保持育苗期间苗床地湿润，以降低蚜虫的虫口密度；在定植后，应该及时浇水施肥，经常保持土壤湿润，并提高空气相对湿度，以有效地降低蚜虫的危害。

**4. 适时进行药剂防治**　药剂防治蚜虫应掌握“见虫就防，治早治少”的原则。从防治的时期看，重点是苗期和定植后越冬前。因为，一方面，这一时期天气比较干燥，是蚜虫活动比较猖獗的时期；另一方面，这一时期榨菜秧苗容易感染病毒病。在约10%植株有蚜虫少量发生时，即应及时喷雾。喷雾要细致周到，隔7～10天喷1次，连续2～3次。每次每亩喷药液50～70千克。常用的药剂有50%辟蚜雾（抗蚜威）可湿性粉剂2 000～3 000倍液，10%多来宝悬浮剂1 500～2 000倍液，或20%蚜克星乳油（试制品）1 000倍液，或25%菊乐合酯2 500倍液，3%莫比朗乳油1 000～1 500倍液，10%吡虫啉（康福多、蚜虱净、大功臣、一遍净）3 000～4 000倍液，10%氯氰菊酯（兴棉宝、灭百可）乳油2 000～4 000倍液，2.5%溴氰菊酯（敌杀死）乳油3 000倍液，20%灭扫利（甲氰菊酯）乳油2 000倍液，50%马拉松乳油1 000～1 500倍液。这些农药应交替使用。需要特别强调的是，在榨菜苗期，由于秧苗比较柔嫩，容易发生药害。所以，用药浓度应适当降低。此外，喷药的部位主要是秧苗（植株）的幼嫩部分，但叶背及地面不可忽视。

### （二）小菜蛾

小菜蛾属鳞翅目菜蛾科，别名小青虫、两头尖。小菜蛾是迁飞性害虫，具有发生世代多、繁殖能力强、寄主范围广、抗药性水平高、难于防治等特点。浙江各地发生9～14代，没有明显的越冬现象。冬季由于气温较高，各种虫的形态都能发现，但以幼虫居多。成虫昼伏夜出，白天受惊时在株间做短距离飞行，成虫产卵期可达10天，平均每雌产卵200粒左右。多产于叶背脉间凹陷处，卵产散状或数粒在一起，卵期3～11天。幼虫共4龄，发育期12～27天，老熟幼虫在叶脉附近结缚茧化蛹，蛹期约9天。5～6月及8月下旬至11月呈两个发生高峰。初龄幼虫潜入叶肉取食，留下表皮，在菜叶上形成一个个透明的斑块，2龄初从隧道中退出取食下表皮和叶肉，3～4龄幼虫可将菜叶食成孔洞和缺刻，严重时全叶被吃成网状。幼虫常集中危害心叶，影响包心。在留种菜上，危害嫩茎、幼种荚和子粒，影响结实。

防治方法：及时清除田间杂草、病残株，采用频振式杀虫灯、性信息素诱捕成虫等农业防治、物理防治的同时，每亩可用18克/升阿维菌素乳油0.6～0.9克，或用16 000国际单位/毫克苏云金杆菌可湿性粉剂50～75克等药剂喷雾防治。

## 第五节　露地春榨菜栽培技术

榨菜是我国特产，目前三大主要生产区为四川、重庆、浙江。其中，四川和重庆的品种以瘤状茎偏长的品种为主，如三层楼、草腰子等。脱水加工方式为风脱水。而浙江桐乡、海宁两地的栽培历史最为悠久，始于20世纪30年代，逐渐形成了以半碎叶栽培品种为主，少量全碎叶、板叶种为辅。浙江省榨菜栽培面积近40万亩。目前，桐乡市种植面积6万～8万亩，年产鲜菜20万吨，蔬菜加工企业50余家，实际上榨菜加工业是桐乡市乡镇企业发展的起步点。浙江采用盐脱水，具有脆、鲜、嫩的特点，年加工成品菜7万～8万吨，产值2.5亿元左右，出口成品榨菜4 000～5 000吨（直接及间接），榨菜的发展带动了桐乡市其他加工蔬菜的发展，如大头菜。蔬菜生产已成为桐乡市农村种植业和乡镇工业的重要经营项目之一。近年来，政府也非常重视，将蔬菜列为桐乡市六大优势产业之一。长期以来，由于不够重视榨菜品种的选育、提纯复壮及栽培技术的研究，生长上出现空心率高（黄空、白空）、先期抽薹、抗逆性差（冻害、病毒病）以及瘤状茎形状不整齐和不圆整，使加工成品率下降，特别是适合外销的产品率急剧下降。为此，桐乡市农林局与浙江大学园艺系（原浙江农业大学园艺系）联合成立了榨菜品种选育课题组，根据榨菜品种的生物学性状、物候期、商品性、丰产性、抗逆性、加工性状及理化成分，于1984年选育出适合本地栽培、经济学性状较为理想的浙桐1号榨菜新品种，并于1988年通过浙江省品种审定委员会审定。目前，该品种在浙江省也有一定的栽培面积。

## 一、浙桐1号植物学性状和物候期

榨菜属于十字花科芸薹属，为芥菜的一个变种，以膨大的瘤状茎加工后供食用。榨菜属半耐寒长日照作物，冬季可耐－5℃低温，短时间（1～2天），耐－8～－7℃（需壮苗）遇雪压不裸露则冻害较轻。播种适温在旬平均22℃左右，遇播后高温干旱（气候反常）或播种过早，也易造成年前抽薹。因此，浙江桐乡在9月底至10月初播种较为适宜，安徽可以此温度比浙江提早7～10天，主要考虑年前既有一定生长量，又不至于年前结瘤。肉质茎在翌年2月底至3月上旬开始膨大。据观察记载，肉质茎膨大的旬平均温度在16℃以下，以旬平均8～13℃最适宜（肉质茎膨大与立地条件中的地势、肥力有关）。一般田脚好的，移栽早（10月下旬至11月上旬）的田块，年前开始膨大，至3月茎迅速膨大，茎膨大始于第2～3叶环（每5叶形成一个叶环），即10～15叶位。徒长苗或高脚老僵苗，第一叶环距离拉长，在茎基部形成一个“长柄”使肉质茎变长，土壤肥力状况与肉质茎的茎形指数（纵茎/横茎）成反比，4月上中旬采收。该品种的瘤状茎圆浑，减少表面积，平均纵横比在11∶9左右，茎形指数1.0～1.1，平均单个重达300克左右，最大单个瘤状茎重可达700克。

大田栽培的榨菜，肉质茎收获期有成长叶17～18片，心叶3片，早播的发生叶环数较多，迟播的较少，生长期间逐渐脱落，一般保持绿叶5～7片。3月底至4月初抽叶速度加快，一般2～4天即抽一片新叶，生长旺盛的植株落叶快，绿叶数反而减少。肉质茎上的同化叶（功能叶）3片，甚至只有2片的，但叶身长，叶面积大，长达40～55厘米。因此，这2～3张叶片的生长好坏与肉质茎膨大关系密切，一般叶鲜重增加，其肉质茎也相应加重（这与萝卜相反）。

种子呈红褐色或暗褐色，千粒重在 0.6～1.4 克。

## 二、栽培技术要点

**1. 品种选择** 目前，在浙江桐乡的主要品种以半碎叶品种为主，还有少量板叶品种。目前以浙桐 1 号、甬榨 2 号半碎叶种为好，该品种生长势较强，抗逆性好，肉质茎圆浑，瘤峰不突出，加工性好，茎形指数 1.1～1.2，瘤状茎鲜重 0.3 千克左右，适合加工。另外，桐乡市农业技术推广服务中心联合浙江大学园艺系（原浙江农业大学园艺系）还选育了 1 个榨菜新品种浙桐 3 号，该品种瘤状茎形状圆浑，瘤峰不突出，抗病性强，不易抽薹，丰产性好，但不耐严寒。

**2. 播种育苗**

（1）播种期。浙北地区 9 月 26 日至 10 月 5 日为适期，可分两批播种。播种过早，气温尚高，蚜虫（飞蚜）多，易传播病毒病，同时年内地上部分营养生长旺，肉质茎开始膨大，冬季低温易冻害；播种过迟，则植株个体发育差，一则容易受冻，二则影响产量。

（2）苗床设置及处理。选择疏松、富含腐殖质肥、水条件好（近水源）、虫口少的地块，并应远离萝卜、白菜等毒源植物，以减少蚜虫传播病毒。为防止地下害虫及蚜虫危害，可用护地净播种前施入，每亩用药 2.2 斤*。

苗床一般宽 1.2～1.5 米，整地前用人粪尿打底，结合整地施入地下，每亩施入粪尿 1 250 千克，过磷酸钙 25 千克，播种密度可适当提高，每亩大田用种 75～100 克，每亩播种量 1～1.5 斤（视种子发芽率及千粒重）可定植大田 7 亩左右，播后苗床覆草保湿，一般经 2 天待发芽后揭草，提高密度，可相对提高

---

* 斤为非法定计量单位。1 斤＝500 克。

地表湿度，减少蚜虫危害，特别有利防治蚜虫的迁飞危害。

（3）苗期管理。由于播种不一定很均匀，针对密度过高的地方，在1～2片真叶及3～4片真叶期间各间苗一次（一般浙江桐乡这项工作较少做）。苗距3～5厘米见方（根据定植期确定），苗床前期应适当保持湿润，中后期苗床以土壤适当干燥疏松为好，以利炼苗。苗期追肥根据土壤肥力状况而定，肥力中等或偏下的地块，前期施稀人粪尿做到先稀后浓，施2～3次。

苗期治蚜防病是种好榨菜的首要环节，幼苗真叶出来以后即开始喷药：附近菜地同时防治，一般用菊酯类、吡虫啉等农药，喷2～3次，移栽前再喷一次。有条件的可用网纱（聚乙烯、聚氯乙烯的应不加增塑剂），搭拱棚覆盖，可与蚜虫隔离，能显著地减轻病毒病的危害，苗龄一般控制在35～40天，5～6片真叶时定植大田。

**3. 种植方式**

（1）利用桑园冬季空闲时进行套种，减低风速，提高温度、湿度，既可减轻榨菜冻害，又可对桑园以耕代抚（利用施肥及榨菜采后的残叶做有机肥）。

（2）旱地蔬菜：榨菜-瓜类（西瓜、冬瓜、黄瓜）-大头菜；白菜类（青菜或大白菜）或榨菜-菊花。

（3）水旱轮作：榨菜-瓜类-晚稻、榨菜-单季稻。

**4. 定植**　11月上中旬定植大田，畦宽1.5米（连沟），沟深25厘米，株行距（12～13）厘米×（25～28）厘米，纯旱地密度达1.8万株，桑园套种达1.6万株。

**5. 大田管理**

（1）施足底肥，早施提苗肥。底肥以有机肥为主（羊栏肥、土杂肥）1 500千克结合整地翻入，整地深度20厘米。另外，用50千克过磷酸钙施入定植沟内，并与土拌匀，定植后马上浇足定根水。定植后遇干旱，结合抗旱可用1∶10稀人粪尿浇施。

追肥可分为4次左右施：第一次在12月初，每亩施人粪尿

500～750千克加尿素3千克。第二次是年内腊肥（翌年1月中旬），一般用复合肥或尿素加磷肥。亩施复合肥25千克或尿素25～35千克、磷肥30千克或施有机肥加速效肥以保温防冻。第三次是在开春后（2月上旬的膨大肥）施一次重肥，每亩施用尿素20～30千克，以促进叶丛生长，为瘤状茎膨大、丰产打下基础。第四次是瘤状茎膨大期，即3月上旬（离采收前25～30天），此期为瘤状茎迅速膨大期，需肥需水量大，应重施。每亩施尿素20～25千克、5～10千克钾肥，但施肥不能过迟（以离产前25天左右为界），否则会影响榨菜的品质及加工质量。

（2）水分管理。秋旱严重的年份，移栽期和移栽后应灌水抗旱促进根系生长和植株发育。春季雨水较多，应做好开沟排水工作。

**6. 病虫防治** 11月上旬移栽成活发棵后，用乐果或吡虫啉剂治蚜虫2次，以防止传播病毒。年后对黑斑病、软腐病重的田块，应及时疏通沟渠，苗剂防治可喷多菌灵或托布津600～800倍液。

**7. 采收** 采收期的迟早与肥水管理密切相关，肥水条件好，则抽薹迟；地块瘦，管理水平低，则抽薹早。一般在3月底至4月上旬采收，采收标准为薹高5～10厘米带花蕾，此时采收产量最高，质量最好。过早则产量低，偏嫩，腌制品质差；过迟则易造成抽薹、空心、组织老化、纤维增多；亩产量一般2 000～4 000千克。

## 三、榨菜栽培上的主要问题及解决办法

### （一）病毒病

这是全国较为普遍存在的问题，危害程度本地一般年份为10%～20%，重发年份达80%～100%，病株矮化，萎黄，叶片皱缩或半边枯死，叶色浓淡不匀，本病在整个生育期间均有发

生，这与连作及气候关系密切。生育前期发病则会绝收；在年后的生长中后期发病，尚有一定的产量；采收期脱叶，产品品质大大下降，易并发软腐病。

本病经测定系烟草花叶病毒。传播途径主要是蚜虫（有翅蚜为主），其次是汁液和红蜘蛛传播，种子不带毒。

措施：

**1.** 选好育苗地块，不宜选择白菜、萝卜、青菜等十字花科为前作或为邻作做苗床。

**2.** 适期播种，适当密播，本地 9 月 20 日前播种相当危险，此时气温偏高，正值秋蚜重发期，雨量少，气候干燥，有利于有翅蚜转变及活动，而且早播早种，大田蚜虫量也很高，榨菜受害时间长、发病重。同时，苗期密播有利于提高地表湿度，减少有翅蚜转变，遇干旱要进行抗旱保湿。因此，适宜浙北播种期为 9 月底 10 月初，但过迟会影响产量和品质。

**3.** 网纱隔离育苗或用银灰膜条覆盖避蚜。

**4. 加强管理**　遇干旱年份苗床应浇水保墒，移栽期及栽后干旱应抓好大田灌水抗旱。大田要基肥充足，年前抓紧追肥，并增施有机肥和钾肥，以增强抗性，出苗后用菊酯类、吡虫啉治蚜 3 次，时间分别在 10 月上中旬、10 月下旬、11 月上旬。大田治蚜 11 月上中旬移栽后，治 2 次。

### （二）肉质茎变长，提早抽薹

主要原因：①与芥菜类杂交；②种性退化，在生产上，往往圆浑的菜头空心严重，不易结籽，而长形菜头易于抽薹结籽。年复一年，长形性状得到发展，抽薹提早或“笔杆”种子增多。因此，要抓好留种关，做好隔离及提纯复壮工作。

### （三）瘤状茎大小不匀

在榨菜栽培过程中，经常遇到瘤状茎大小不匀的情况。影响榨菜瘤状茎大小不匀的原因有多种（何永梅，2015）。

**1. 秧苗大小** 由于榨菜苗龄较长（一般35天左右），在秧苗生长过程中，因各种原因，秧苗大小有较大的差异。在定植时，如果对大小秧苗不进行挑选和分级而随意栽种，则在以后的缓苗及生长过程中，其生长速度可能有差别，而这种差别会随着植株的继续生长而加大。这样生长较快的植株由于接受较多的光照、占据了较大的生长空间而发育成较大的瘤状茎。相反，那些生长缓慢的秧苗，在其生长过程中，始终处于劣势，不论是肥水还是光照均不及生长快的植株。当达到采收期时，其瘤状茎就比较小。

**2. 土壤肥力及水分** 在同一田块中，难免会出现局部肥力和水分不均匀的情况，加上施肥也不可能完全均匀，从而使得同一田块内土壤的肥力和水分存在一定的差异。在这样的田中，即使定植时秧苗整齐一致，也会在日后的生长过程中出现生长快慢不一的现象，继而导致瘤状茎的大小不一致。

**3. 病毒病危害** 病毒病是榨菜生产上最为严重的病害，榨菜一旦发生病毒病，则不同程度地会影响植株的生长和瘤状茎的形成与膨大。由于在同一田块中植株感染病毒病的程度不同，从而导致瘤状茎的大小不一。

**4. 品种混杂退化** 生产上使用的榨菜种子许多是由农民自己留种的，在留种过程中隔离条件差，不注意选择或长期采用小株留种，很容易发生品种退化现象。品种一旦混杂退化，瘤状茎的大小和形状也就千差万别。

**5. 定植密度过大** 当定植过密时，由于生长竞争，总有一些植株生长快或慢，因此当采收时，瘤状茎大小有差异。

防止瘤状茎大小不匀的措施主要有：①选择适宜的品种和购买优良的种子。首先是选择适宜本地栽培的榨菜品种，并购买质量好的种子，特别是纯净的种子。②秧苗分级定植、合理密植。除了育苗期间提高播种质量及时间苗，培育整齐一致的秧苗外，在定植时，应将大小不同的秧苗分开定植，避免将大小不同、生长强弱不同的秧苗混栽。此外，定植密度应给予适当控制，做到合理密植。③田间管理中注意扶弱照顾。无论是中耕除草或是追肥浇水，对生长弱小的秧苗给予适当的照顾，以促进其生长，使其最终能赶上生长健壮的植株。④防治病毒病。在育苗期间以及定植初期至越冬前，要特别加强对病毒病的预防，及时防治蚜虫，以降低因病毒病危害而造成瘤状茎大小不一。

### （四）空心

榨菜空心也是榨菜生产中常遇到的生产问题。一般年份空心率在 30%左右，雨水多的年份高达 60%～70%，偏早收获可以降低空心率，但影响产量和品质。空心分为黄空、白空，黄空是空心后积水或软腐病影响的，一般做次品或废品处理。据观察，空心是从 2 月底开始，多雨年份 3 月中旬出现“黄空”，在田间会听见“呱呱”声。

形成空心的原因：

**1. 品种特性**　常规半碎叶易空心，如草腰子品种比三转子品种容易空心。应选择浙桐 1 号及浙桐 3 号。

**2. 肉质茎膨大期过短**　榨菜肉质茎膨大期的生长适温为 8～13℃，16℃以下才利于瘤状茎的膨大，这时期需 80～100 天，茎才能充分膨大。如果这个时期过短，细胞未能充分分裂，营养物质储藏减少，榨菜髓部养分少的薄壁细胞间崩裂，出现开裂，形成空腔，从而出现空心现象。

**3.** 瘤状茎膨大期（特别是后期）雨水过多，排水不良。

**4. 施肥技术单一**　施化学肥料比施用有机肥和复合肥的空心率高。氮肥偏多，瘤状茎膨大过快。

**5. 光照不足，昼夜温差小**　如果光照不足，养分制造不足，不能满足茎膨大时细胞分裂对养分的需求，茎中心分裂的细胞也不能得到充足的养分，易产生空心。

**6. 水分供应不均衡** 榨菜生长要求适宜的土壤水分条件。土壤缺水时，榨菜生长缓慢甚至停止；水分充足时，榨菜又迅速生长。在遇到干旱时，茎内生长迅速的细胞很容易失水，导致部分细胞破裂，很容易产生空心现象。尤其在肉质茎膨大期，水分供应不均衡是造成空心的主要因素。

**7. 病虫危害** 在榨菜生长过程中，如遇到病虫较重的危害，植株内部养分发生转移，易产生空心。

**8. 其他因素** 采收过晚或栽培中喷一些含有激素的药剂都易产生抽薹。由于抽薹要消耗大量养分，榨菜内养分转移，易形成空心。

防止榨菜空心的措施：①品种选择。选用产量高、不易抽薹、不易空心、较耐病毒病、耐寒力较强的品种，如雅兴菜头、甬榨 2 号等。②土壤选择。栽植地宜选用保水保肥力强而又排灌便利的壤土，并尽可能远离萝卜、白菜、甘蓝等作物，以减少蚜虫的危害。③合理施肥。控制氮肥用量，加强管理，增施磷钾肥。肥料种类宜以有机肥为主。前期轻施，中期重施，后期看苗补施。这样有利于减少菜头空心率，提高产量。④适期收获。过早采收影响产量，过迟则含水量高，纤维多，易空心（张武群等，2005）。

## 第六节 大棚设施冬榨菜高效栽培技术

榨菜是中国特产蔬菜，浙江、重庆均是我国榨菜主要产区，榨菜产业具有较高的地位。例如，在浙江省，榨菜作为一种重要经济作物，在农村经济中占有重要地位。近几年，在余姚、鄞州等地出现了设施榨菜栽培模式，且采用穴盘育苗，鲜榨菜品质较高，空心率较低，上市时间较早，经济效益较高。重庆涪陵榨菜主产区的 6 个乡（镇）近几年也进行了早熟榨菜的工厂化育苗探索，8 月中下旬集中育苗，11 月出菜上市，设施（连栋塑料大棚）榨菜育苗主要在每年 8 月中旬至 9 月中旬，有 1 个月左右。育苗基地还可以在其他季节培育西瓜苗、各类蔬菜苗。浙东沿海地区秋季育苗期间，台风等恶劣天气较多，对榨菜育苗的技术要求较高，现将其栽培关键技术总结如下：

**1. 品种选择**　只有选用良种，才能适应浙东沿海地区的气候环境条件，尽量减轻或避免先期抽薹现象的发生。目前，生产上可以供选择的品种有香螺种、甬榨 4 号等。

**2. 适时播种，培育壮苗**　适时播种是榨菜设施栽培能否成功的关键。设施榨菜的适宜播种期比较窄。宁波地区一般适宜播种期是 9 月 15～20 日。播种过早，幼苗生长速度过快，在苗期容易满足春化作用的条件通过春化作用而发生先期抽薹现象；播种过迟，达不到早播早收的目的。在播种期选择上，主要考虑以下几个因素：第一，尽可能避开蚜虫高发期，以减轻育苗期间防治蚜虫和病毒病的压力。第二，结合前作的生育期，尽量避免苗等田的情况；否则，榨菜会因苗龄太长而导致定植后缓苗慢、植株抵抗能力下降等问题。第三，播种期的确定要根据当年的气候变化趋势，灵活掌握。播种季节如遇连晴高温应适当推迟播种，同时必须尽最大努力培育壮苗。由于 9 月正值高温时期，抗旱是最大问题。因此，选择具有喷滴灌设备的连栋大棚进行集中育苗是目前值得探索的路子。播种时，将种子均匀撒播苗床，播后覆细土 1.5～2 厘米，再覆 25 目防虫网，防蚜虫等传病。每亩用种 0.4～0.5 千克。苗床：本田＝1：（10～15）。2 片真叶时间苗 1 次，3～4 片真叶时再间苗 1 次，除去劣苗、弱苗和病苗，保持行株距 6 厘米。幼苗期适量浇水，保苗健壮生长。为防治病毒病，提倡防虫网育苗，即在畦上方用 2 米的毛竹片插于畦的两侧，上面用 20～25 目防虫网覆盖于上面，防止蚜虫飞入苗床内，这样能有效地防止病毒病的发生。为使幼苗能正常生长，一般在阴天或小雨天气可以不覆盖，晴天采用早上覆盖、傍晚揭去。同时，从播种开始，每 7～10 天用 10%一遍净等喷雾，防治蚜虫。采用防虫网覆盖育苗，秧苗一般比较柔嫩，为了提高秧苗素质，并在定植后能快速还苗，应在定植 5～7 天撤去防虫网，以锻炼秧苗。另外，定植前用 10%一遍净 1 500 倍液喷雾秧苗，做到带药定植。

**3. 定植** 定植之前，大田基肥一般每亩施腐熟有机肥 2 000～3 000千克或 45%复混肥 60 千克，撒施后耕耙入土，再做畦移栽。当幼苗有 5～6 片真叶、苗龄 30～35 天时，定植较为适宜。苗龄过小，不利于提高土地利用率；定植过迟，幼苗拥挤，容易徒长。每亩栽植 4 000～5 000 株，行距 40 厘米，株距 35 厘米。为了提高榨菜的加工品质，可适当增加密度。移栽时，按行株距开穴、浇水、摆苗、覆土等顺序进行。大小苗应分开栽植，以利均衡生长。

**4. 肥水管理** 在水分管理上，应始终保持土壤湿润状态。在施足基肥的前提下，一般追肥 3 次。第一次在缓苗后至第一叶环形成前，每亩穴施三元复合肥（N、P、K 含量均 15%）15～20 千克。第二次在第一叶环形成后，茎开始膨大，并逐渐形成第二三叶环，此时茎的生长速度都较快，每亩追三元复合肥40～50 千克。第三次在茎生长盛期，每亩随水冲施尿素 15～20 千克、氯化钾 10 千克。在中后期植株封垄后，应尽量减少田间活动，以免损伤叶片。追肥榨菜应根据不同的栽培条件和茎、叶生长特点进行追肥。采收前一个月停止追肥，以防生长过速而空心。

**5. 温度调控** 榨菜叶片生长的最适温度为 15℃左右，最适于茎膨大的旬平均温度为 8～13.6℃。在此范围内，温度越高，生长越快。对于简易的西瓜棚，应根据植株生长状况、外界气温变化，适时（11 月上旬）扣棚，合理打开棚门，摇动大棚摇杆，卷起棚膜进行通风，尤其阴冷白天更应注意开门放风，增加光照，为茎叶生长创造适宜环境，以提高品质、增加产量。

**6. 病虫草害防治**　榨菜主要病害有病毒病和根肿病。病毒病主要以农业综合防治为主。根肿病防治主要做好以下几点：

（1）水旱轮作。实行“榨菜-水稻”水旱轮作，灌水降酸，淹水灭菌。

（2）苗床消毒：选用无病田育苗，用40%福尔马林400倍液或石灰进行苗床基质或土壤消毒。育苗期对榨菜秧苗床进行用药预防，既节本又高效。一般可采用97%绿亨1号4 000～5 000倍液或金雷多米尔500倍液浇施3次：第一次是播后3天内，第二次是施药后7天，第三次是榨菜3叶1心期。

（3）石灰降酸。土壤pH＞7.5时，榨菜根肿病很少发病。因此，酸性田块结合整地适当增施石灰调整土壤酸碱度，可以减轻病害的发生。结合整地，亩施生石灰75～100千克，定植时用生石灰25克/株点穴或15%石灰乳液浇根。

（4）加强管理。采用高畦种植，雨后排水畅通，及时拔除病株深埋并用石灰消毒。

（5）药剂防治。发病初期可用70%甲基托布津700～1 000倍液，或50%多菌灵可湿性粉剂500倍液，或金雷多米尔800倍液浇根，每穴用量300～500毫升，15天浇1次，连续3～4次。

秋冬榨菜主要虫害有蚜虫、小菜蛾、菜青虫、小猿叶虫、蜗牛等。苗期与生长前期蚜虫可用10%吡虫啉2 500倍液喷雾，7～10天1次，防治1～2次；小菜蛾、菜青虫用15%杜邦安打3 700倍液防治；小猿叶虫用1.8%阿维与功夫复配剂1 500倍液对水喷雾防治；蜗牛用密达进行诱杀。榨菜移栽前，每亩可用96%金都尔乳油（异丙甲草胺），每亩60～70毫升，移栽前施药；移栽返青后，在看麦娘等禾本科杂草3～5叶期，亩用精禾草克25毫升兑水50千克喷雾进行化学除草，也可亩用10.8%高效盖草能乳油20～30毫升加水50千克，做茎叶喷雾处理。双子叶杂草则采用中耕除草。

**7. 收获** 12月底1月初，当菜头已充分膨大、单茎重达150克左右时，就可根据市场行情，收大留小，分批收获上市，直到心叶现蕾、即将抽薹为止，尽量在市场价位较高时收获完毕，以获得最高经济效益。过早采收影响产量；过迟则含水量高、纤维多、易空心，品质降低。

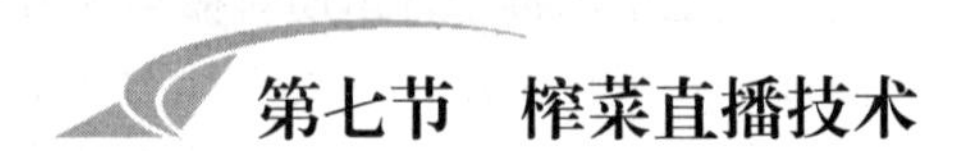

## 第七节 榨菜直播技术

余姚市黄家埠镇农业技术服务站在2002年进行了榨菜直播技术探索，采用播种器直播榨菜具有省工、节本、减轻病毒病的发生等优点。每亩可以节省移栽用工6工左右。由于直播可减少移栽用工，每亩节省人工费900元及少施一次追肥。另外，榨菜直播还可以减轻病毒病的发生，大大增强榨菜的抗病能力，减轻病毒病发生率15%以上。具体栽培技术操作如下：

**1. 播前准备**

（1）翻耕。趁墒口地翻耕、整地，土块要细。如土块偏大，易导致播种器轮子行走不稳，把种子折向一边，落种不均匀。

（2）施足基肥。在整地时，亩施25%复混肥50千克或45%复合肥30千克或有机复混肥100千克撒施。

（3）喷洒除草剂。施肥整地后，喷洒乙草胺每亩50克进行土壤处理，防除杂草（过1～2天后进行播种）。

**2. 播种** 趁墒口地立即播种，播种时间为10月20日左右。采用当年新种，选净种子，要求发芽率在90%以上，手持播种器手柄，缓缓向前行走，亩播种量为70～80克，也可用手工直播。

**3. 苗期管理** 齐苗后，及时删去蓬头苗，防治病虫害，多雨高湿易发生疫病，药剂可用“可杀得”1 200倍液喷雾，虫害主要有蚜虫和小菜蛾等，农药采用一遍净25克/亩加锐劲特1 500倍液喷雾防治。当苗长到3叶期时，可进行定苗和补苗

（就地带土移栽），株行距12厘米×20厘米。

**4. 追肥**　第一次在12月20日左右，用45%复合肥30千克雨前撒施。第二次在1月下旬用尿素15千克加钾肥5千克，雨前撒施。第三次在2月下旬用尿素20千克雨前撒施。

**5. 防治黑斑病和白锈病**　可用多菌灵800倍液加三唑酮1 500倍液防治。

**6. 改进除草方法**　土壤处理除草剂药效过后，是先出单子叶杂草的，待大到一定程度后，再用禾草克或盖草能每亩50克防除，以减轻和抑制双子叶杂草的危害。

最近3年来，榨菜机械化直播技术逐步在浙江余姚、上虞等地推广，现将其介绍如下：

**1. 品种选择**　选用耐抽薹、茎形指数较小的榨菜品种，如甬榨5号等。

**2. 栽培时间确定**　每年10月下旬播种，翌年4月上旬清明时期收获。

**3. 播种**　采用直播机播种，每亩播种量55～60克；在直播之前，为方便机器行走，播种均匀，需要细整地，畦面平整，表面泥土均匀细碎。播种机采用韩国的SW-10自走型精量多功能蔬菜直播机，播种田块畦宽1.5米，每畦播种5行。播种后，每亩用35毫升96%（960克/升）精-异丙甲草胺＋50毫升90%（900克/升）乙草胺乳油兑水30千克喷洒畦面防杂草。

**4. 间苗**　榨菜幼苗具有2～3片真叶时进行；定苗一般在幼苗具有5～6片真叶时进行；最终，株距11～13厘米，每亩密度在2万株以上；在榨菜定苗之前，一般在将要下雨前或者适当喷淋水分的情况下，榨菜幼苗具有2～3片真叶时进行间苗，除去病苗、劣苗、徒长苗、杂苗。

**5. 施肥**　于11月底进行第一次追肥，每亩施用43%～47%硫酸钾型三元复合肥（浙江中冠农资有限公司生产的15-15-15芬兰硫酸钾复合肥）28～32千克；于翌年1月中旬进行第二次追肥，每亩施用43％～47％硫酸钾型三元复合肥22～27千克。

**6. 水分管理** 水分管理的要点是播种后若遇到长期干旱，应及时补充水分，以保证较高的出苗率。生长期间若雨水过多，应及时清沟排水。

**7. 病虫害防治** 每亩田块设置30块黄板防治蚜虫、烟粉虱，每亩设置4只昆虫性引诱剂诱捕器诱杀小菜蛾。病虫害发生初期立即用化学防治方法，20％吗胍·乙酸铜可湿性粉剂防治病毒病，10％苯醚甲环唑防治黑斑病，25％嘧菌酯悬浮剂800倍液防治白锈病。

**8. 采收** 当翌年清明节前后，植株叶片由绿转黄，瘤状茎呈青白色时，应及时收获。

# 第七章 榨菜高效栽培模式

浙江省榨菜种植主要在浙江东部和北部地区，浙南地区只有少量部分。经过长期的种植经验积累，总结出一些高效栽培模式，进行了耕作制度的创新，见表 7－1～表 7－7。

**表 7－1 越冬榨菜-夏秋辣椒高效栽培模式**

| 茬　口 | 种植方式 | 种类 | 播种期 | 定植期 | 采收期 |
|---|---|---|---|---|---|
| 第一茬 | 露地 | 榨菜 | 9 月底/10 月初 | 11 月上中旬 | 4 月上旬 |
| 第二茬 | 露地 | 辣椒 | 12 月中下旬，1 月中下旬 | 4 月上中旬 | 6 月中下旬至 11 月上旬 |

**表 7－2 越冬榨菜-夏黄瓜-秋冬包心芥高效栽培模式**

| 茬　口 | 种植方式 | 种类 | 播种期 | 定植期 | 采收期 |
|---|---|---|---|---|---|
| 第一茬 | 露地 | 榨菜 | 9 月底/10 月初 | 11 月上中旬 | 4 月上旬 |
| 第二茬 | 露地 | 黄瓜 | 4 月中下旬 | | 6 月中旬至 8 月中下旬 |
| 第三茬 | 露地 | 包心芥 | 7 月中下旬 | 8 月中下旬 | 11 月初 |

**表 7－3 越冬榨菜-夏黄瓜-秋长豇豆高效栽培模式**

| 茬　口 | 种植方式 | 种类 | 播种期 | 定植期 | 采收期 |
|---|---|---|---|---|---|
| 第一茬 | 露地越冬栽培 | 榨菜 | 9 月下旬至 10 月初 | 11 月中下旬 | 4 月上中旬 |
| 第二茬 | 露地夏季栽培 | 黄瓜 | 3 月下旬至 4 月初 | 4 月中下旬 | 5 月下旬至 7 月中旬 |
| 第三茬 | 搭架秋延后栽培 | 豇豆 | 7 月上中旬 | | 8 月下旬至 10 月中下旬 |

表 7-4　越冬榨菜-春夏黄瓜-秋冬雪菜高效栽培模式

| 茬　口 | 种植方式 | 种类 | 播种期 | 定植期 | 采收期 |
| --- | --- | --- | --- | --- | --- |
| 第一茬 | 越冬栽培 | 榨菜 | 9月底至10月初 | 11月上中旬 | 4月上旬 |
| 第二茬 | 露地直播 | 黄瓜 | 4月中旬 | — | 6月中旬至8月下旬 |
| 第三茬 | 露地栽培 | 雪菜 | 8月初 | 8月下旬 | 10月底 |

表 7-5　冬春榨菜-夏番茄-秋萝卜高效栽培模式

| 茬　口 | 种植方式 | 种类 | 播种期 | 定植期 | 采收期 |
| --- | --- | --- | --- | --- | --- |
| 第一茬 | 冬春露地栽培 | 榨菜 | 9月下旬至10月上旬 | 11月上中旬 | 3月下旬至4月上中旬 |
| 第二茬 | 露地栽培 | 番茄 | 3月初 | 4月中下旬 | 7月中下旬 |
| 第三茬 | 露地栽培 | 萝卜 | 8月上中旬 |  | 10月下旬至11月上中旬 |

表 7-6　单季晚稻-春榨菜高效栽培模式

| 茬　口 | 种植方式 | 种类 | 播种期 | 定植期 | 采收期 |
| --- | --- | --- | --- | --- | --- |
| 第一茬 | 露地栽培 | 单季晚稻 | 5月中下旬 | 6月中下旬 | 9月下旬至10初 |
| 第二茬 | 露地栽培 | 春榨菜 | 9月下旬 | 10月下旬至11月初 | 3月底至4月初 |

表 7-7　黄樱椒/甜玉米-春榨菜高效栽培模式

| 茬　口 | 种植方式 | 种类 | 播种期 | 定植期 | 采收期 |
| --- | --- | --- | --- | --- | --- |
| 第一茬 | 露地栽培 | 辣椒 | 2月中下旬 | 3月底至4月初 | 7～10月 |
| 第二茬 | 套种 | 玉米 |  | 5月上旬 | 8月上中旬 |
| 第三茬 | 露地栽培 | 榨菜 | 9月底至10月上旬 | 10月底至11月初 | 1月中旬至3月下旬 |

## 第一节　浙北地区榨菜-晚稻种植模式

榨菜适应性较广，可在海涂地、丘陵地或者旱地种植，也可以在水稻产区进行规模化种植。下面介绍的种植模式适用于浙北、浙东水稻产区。种植茬口与季节安排见表7-8。

**表7-8　种植茬口与季节安排**

| 种植方式 | 种植种类 | 播种期 | 定植期 | 采收期 |
| --- | --- | --- | --- | --- |
| 冬季露地栽培 | 榨菜 | 9月底至10月初 | 11月上中旬 | 4月上旬 |
| 夏季大田栽培 | 晚稻 | 5月底至6月初 | 6月中下旬 | 10月下旬至11月初 |

主要栽培关键技术：

### （一）榨菜

**1. 品种选择**　甬榨5号、甬榨2号、桐农1号、桐农4号等。

**2. 育苗**　选择疏松、肥水条件好、虫口少的地块做苗床。苗床一般宽1.2～1.5米，整地前亩施人粪尿1 250千克、过磷酸钙25千克。亩播0.5～0.75千克，可定植大田7亩左右。播后苗床覆草保湿，一般经2日发芽后揭草，采用防虫网覆盖。于2片和4片真叶期各间苗一次，最终苗距控制在7厘米左右。保持苗床湿润。

**3. 种植密度**　每亩定植1.3万～1.5万株为宜。

**4. 肥水管理**　底肥亩施有机肥1 500千克，结合整地翻入，整地深度20厘米。另外，用40千克过磷酸钙施入定植沟内，并与土拌匀，定植后马上浇足定根水。追肥可分4次施：①12月初，亩施人粪尿500～750千克加尿素3千克。②1月中旬，亩施复合肥25千克或尿素25～35千克、过磷酸钙15千克或施有机肥加速效肥，以保温防冻。③在开春后（2月上旬的膨大肥）施一次重肥，亩施尿素20千克左右。④瘤状茎膨大期，即3月上旬，此期需肥需水量大，应重施，亩施尿素20千克左右、5～10千克氯化钾，但施肥不能过迟（以离产前25天左右为界）。

**5. 水分管理** 秋旱严重的年份，移栽期和移栽后应灌水抗旱；春季雨水较多，应做好开沟排水工作。

**6. 栽培管理** 适期播种，及时移栽，适时收获。苗龄一般控制在35～40天以内、5～6片真叶时定植大田。4月初，随着气温升高、日照延长，榨菜容易抽薹开花，降低品质，影响产量。因此，现蕾后及时收获。

**7. 病虫防治** 重点防治病毒病和蚜虫，苗期和移栽成活发棵后，各用吡虫啉药剂防治蚜虫2次，以防止传播病毒。年后对黑斑病、软腐病重的田块，应及时疏通沟渠，苗期防治可喷多菌灵或托布津600～800倍液。

### （二）晚稻

**1. 品种选择** 秀水09、秀水128、秀水114、秀优5号等。

**2. 育苗** 采用直播栽培。

**3. 播种量** 每亩常规粳稻播3千克，基本苗6万～8万株；杂交粳稻播1.25千克，基本苗2万～3万株。

**4. 肥水管理** 每亩控制肥料纯氮12～14千克、五氧化二磷3～4千克、氧化钾3～5千克。施肥方法采用“一基三追”法。施足基肥，亩施碳铵20千克、过磷酸钙15千克、氯化钾7.5千克。因前茬种植榨菜，土壤肥力足，故追肥一般适当减少前期用量：2叶1心期结合上水施促蘖肥尿素5千克/亩；4～5叶期施壮蘖肥尿素10千克/亩，8月上旬每亩施穗肥尿素5～6千克。

**5. 水分管理** 要求掌握湿润出苗、浅水分蘖、分次轻搁和后期间歇灌溉原则。防止后期断水过早，收割前一周停止灌水。

**6. 栽培管理**

（1）精细整田，催芽播种确保全苗。田面要平整，种子须经过药剂浸种催短芽后播种。

（2）早播稀播促壮苗。适当早播和稀播有利于大穗高产。于5月底至6月初播种，分畦定量播种，播后塌谷覆盖，保持湿润出苗，确保一次全苗。

（3）安全除草争早发。灭草重点突出安全有效，翻耕前封杀老草；播后一般除草 1～2 次。

**7. 病虫防治**　根据植保部门的病虫预测预报，及时做好稻蓟马、灰飞虱、螟虫、褐稻虱、纵卷叶螟和条纹叶病、纹枯病、稻瘟病、稻曲病等病虫害的防治。

## 第二节　浙南地区晚稻套种榨菜高效栽培模式

温州瑞安市南滨等街道有冬季种植榨菜的传统习惯，利用晚稻田冬季套种榨菜，使榨菜的定植期提早，瘤状茎的膨大期延长，在农历春节前后就可采收，经过简单加工就可出售，提早上市，价格高，效益好。一般晚稻亩产 400 千克，产值 1 200 元；榨菜亩产 3 500 千克，产值 3 500 元。

### 一、茬口安排

晚稻 6 月下旬播种，7 月下旬移栽，11 月上旬收割；榨菜 9 月中旬播种，10 月上旬移栽套种，稻菜共生期 30 天左右。

### 二、技术原理

利用水稻遮阳，减轻榨菜病毒病的发生，提高边际效益和土地复种指数。

### 三、关键技术

晚稻栽培同常规，略述，以下重点介绍榨菜套种的主要栽培技术。

**1. 定好套种方式，适时开沟起垄**

（1）合理确定稻菜间隔距离。一般采用 3 行稻 2 行菜种植方式，3 行稻之间留大行距 70 厘米，用于套种 2 行榨菜，稻行距 25 厘米，株距 16.7 厘米，苗插水稻 7 500 丛左右，并应选择株型紧凑、基部节间短而粗的抗倒品种为宜。晚稻于 11 月上旬及时收获，稻菜共生期 25～35 天。该项技术，晚稻亩产一般可达 400 千克左右，比未套种的晚稻田减产 10%～17%。

（2）选择行向。榨菜属喜阴作物，根据本地 10～11 月的阳光照射的方向，改以往的“南北行向”为“东西行向”。南北行向，上午有遮阳作用，但下午 1～4 时阳光直射到榨菜生长部位，不利于榨菜前期的生长。东西行向可有效避免下午 1～4 时的阳光直射，有利于榨菜生长。实践表明，行向改后，病害也大大减轻。具体的行向选择应根据田块与直沟（排水）的朝向而定。

（3）适时开沟起垄。晚稻前期可适当露田与搁田，以沉实浮土，但不能过多搁田和露田，以避免田块过硬引过开沟起垄困难。为了排灌方便应开好沟，横沟通直沟，沟沟相通。一般横沟沟宽 30～40 厘米，深 10 厘米；直沟沟宽 10～15 厘米，深 25～30 厘米。起沟分两次进行：第一次，稻田排水后，在宽行中间开沟，把沟泥均匀地分散在两边，耙平，晾 1～2 天；第二次，待土层沉实略硬后，把塌陷下去的沟泥抹到畦面，推平晾干后待栽。榨菜栽后，要及时做好清沟排水工作，以防榨菜烂根与死苗。

**2. 选用榨菜良种，适时播种**　为了赶在春节前供应市场，必须选择相应的冬榨菜品种。如瑞安本地品种香螺形榨菜，或由浙江大学、温州科技职业学院选育的冬榨 1 号榨菜新品种。最佳播种期白露（9 月初）后 5～10 天，采用穴盘基质育苗，苗床采用防虫网覆盖，防止蚜虫危害并传播病毒病。

**3. 榨菜移栽后管理**

（1）及时移栽，合理密植。当榨菜苗龄达到 20～25 天、菜苗 5 叶时，就要及时移栽。一般在 9 月底 10 月初移栽为宜。由于菜苗生长大小不一，应区分大小苗分批分期移栽到大田，使榨菜移栽后生长平衡，大小一致。拔苗前，一定要用水淋透苗床。在苗床干燥的情况下，要提前分次浇水2～3次，直至拔起时菜苗根系完整无损为止。要尽量少伤根、叶，防止病菌从伤口入侵为害。栽苗时，动作要轻，先排干水，后摆好苗，用肥泥压根，并使菜苗的主根有点“外露”，以防雨水过多而造成烂根。每畦种两行，畦间人行距为75～80厘米，沟间小行距为50～55厘米，株距25～28厘米，亩栽4 000丛左右为宜。

（2）科学施肥。基肥：移栽时可每亩用过磷酸钙50千克、尿素1～1.5千克，与400千克干细土混合做肥土压根。追肥：一般在稻菜共生期使用。榨菜成活后，每隔7天撒施一次。第一次亩用尿素5千克单施；第二次亩用尿素12.5千克、钾肥7.5千克混施；第三次亩用尿素25千克、钾肥7.5千克混施；第四次亩用尿素25千克单施。晚稻收割后，一般不再施肥，对少数生长较差的地块补施少量肥料，促平衡。

（3）防治病虫害。优质榨菜要无病虫害危害、无空心、无病斑、皮质光滑。榨菜的病害主要有病毒病、根肿病和黑斑病，尤其是榨菜病毒病发生的轻重直接影响到榨菜的产量和品质。防治病毒病，关键是要做好苗期蚜虫的防治。一般育苗期要防治1～2次，大田要防治2～3次。大田防治：一般在移栽前后，晚稻田应先防治病虫1次；菜苗移栽10天左右，防治榨菜病虫害1次；晚稻收割后，再进行1次病虫害的防治；此后，根据榨菜生长期间的虫情确定防治与否。防治蚜虫可用吡虫灵、蚜虫净各1 000倍液等。病害防治可用百菌清、灭菌大王1 000倍液。每次防治时，可用蚜虫净等杀虫剂加百菌清等杀菌剂混合喷雾，不仅可防治病毒病，而且可以兼治黑斑病，各种药剂要轮换使用，以免产生抗药性。已发生病毒病的田块，要用毒畏、病毒A 800～1 000倍液，每隔7天喷一次，连喷3～4次，来抑制病害的发生与蔓延。病毒病零星发生的田块，要立即拔除病株，集中烧埋，防治其传播和蔓延。

（4）及时收获。及时收获是保证榨菜优质高产的主要环节之一。当榨菜长到棱角分明、株重500克左右时，就可根据市场行情，收大留小，分批收获上市，直到3月上中旬收完为止，尽量在市场价位较高时收获。

## 第三节　桑园套种榨菜高效栽培模式

桑园套种是在不影响桑树生长的前提下，利用桑树生长空闲季节，在桑园内套种蔬菜等作物，使其耕地资源、光照资源、土壤养分得到充分利用，提高桑园综合产出率。桑园套种蔬菜有利于桑园土壤养分的平衡，改善土壤的生态环境，实现湖桑蔬菜生产的双赢。桑园套种榨菜就是充分利用桑园的一种好的模式。

**1. 品种选择**　余缩1号具有株型紧凑，瘤状圆浑，抗病毒病，耐肥、耐寒、耐渍，种子纯度高，鲜头质量好，空心率低，抗早衰，抽薹迟，产量高等特点。浙桐1号株型半直立。中熟，定植至收获175天。耐寒性较强，耐病毒病和软腐病，肉质致密，水分中等，芥辣味浓，宜加工，加工性能优良，净菜率和商品率高。在播种育苗阶段，播种时期的选择，榨菜的适宜播种期为9月底至10月5日，在此期间应采取陆续分批播种，以避免采收季节过于集中而影响品质，但又要防止提早或过迟播种。如播种过早，由于气温高，病毒病发生概率增大，危害加重，同时可能造成菜头在冬前开始膨大，越冬时易受冻害；如播种过迟，则冬前生长期过短，植株生长发育不良，叶面积小，营养积累不足，瘤状茎小，产量低，加工品质差，甚至菜头还未来得及膨大就已抽薹开花。播种量：每亩苗床播种子500克左右，种子要求饱满，发芽势强。播种时，要求做到细播、匀播，每亩苗床可移栽桑园20～25亩。播种前，种子用10%磷酸三钠处理10分钟，然后清洗10遍，以钝化病毒，减轻病毒病危害，或用代森锌等农药拌种。播种前，苗床用50%辛硫磷乳油1 000倍液进行土壤处理，以消灭地下害虫。严禁用呋喃丹等高毒高残农药做土壤处理剂。播种前，可根据土壤肥力状况，每亩苗床施充分腐熟的有机肥 500～1 000 千克做底肥。

**2. 苗床管理**　播种后，用细土覆盖种子，厚度 1 厘米左右，并在萌芽前用乙草胺等除草剂喷晒畦面，但必须保持土壤湿润，以提高药效。出苗后及时间苗，去劣去杂去病株，做到互不挤苗。第一次间苗在拉十字以后，第二次间苗在 3～4 片真叶时进行，苗距 6～8 厘米，每亩苗床育苗 12 000 株左右。每次间苗后及时施薄肥，以保证秧苗茁壮生长，并视天气情况在早晚及时洒水保湿润。苗期防治蚜虫 2～3 次，可用吡虫啉等农药交替使用，防止有翅蚜传播病毒病。选择 5～6 片真叶、根系发达、无病毒感染的植株移栽。移栽前一天苗床集中喷药一次，移苗时苗床要浇足水，以利秧苗带土。

**3. 移栽定植**　施足基肥：在整地前，每亩施人畜粪肥 1 250 千克或鸡粪 750 千克，BB 肥 15 千克，生物钾肥 1 千克。移栽时间：榨菜定植期的确定应从苗龄和气候等方面综合考虑，一般在 11 月上中旬、苗龄 35 天左右、幼苗有 5～6 片真叶时定植较为适宜，过早或过迟定植均不利于榨菜的生长和产量的提高。选阴天或晴天下午移栽。移栽密度：1～2 年生的幼龄桑园，种植榨菜利用率为 75%，每畦桑园种植 5 行，即中间大白幅 3 行，两边各一行，行距 25 厘米，株距 20 厘米，亩栽 8 000 株。成龄桑园，种植榨菜利用率为 50%，中间大白幅 3 行，行距 25 厘米，株距 20 厘米，亩栽 5 000 株。定植：按株行距开穴定植，然后用手扶直苗，用细土轻轻压实，使土壤同根系紧密结合，防止根系悬空导致生长不利，定植后及时浇足定植水。

**4. 大田管理**　施肥：追肥要坚持前轻后重。即：冬前追肥要轻，对基肥足长势好的田块冬前可以不追肥，防止冬前生长过旺或发育过快，越冬时受冻害；开春后，榨菜生长速度加快，需肥量大，应重施追肥以满足其生长的需要。早施膨大肥：每亩用腐熟人畜粪肥1 000千克加尿素7.5千克加12.5千克氯化钾或硫酸钾（钾肥，促使瘤状茎膨大同叶片长势一致，减少空心，降低空心指数），在立春后立即追施（2月下旬）。春季气温回升后，菜头膨大迅速，时间短，膨大肥追施迟了效果不佳，也不经济，因此膨大肥的追施不应迟于惊蛰。叶面施肥：芥菜瘤状茎膨大适温10～15℃，如遇3月中下旬温度过高，采用根外追肥1～2次，一般用0.2%～0.3%磷酸二氢钾或0.2%～0.3%硼肥兑水喷雾，防止叶片同瘤状茎生长不协调而造成空心及病害。水分管理：冬前如遇长期干旱，可根据情况畦面浇水，冬季如雨水过多，应及时开沟排水，松土保暖，做好防渍工作。开春后2～3月气温升高，如果雨水多，田间湿度大，高温高湿易引起病害，必须及时做好开沟排水工作。

**5. 病虫防治** 榨菜主要病害有病毒病、软腐病和霜霉病等，尤其是病毒病危害大。病毒病：病毒病除彻底防治蚜虫外，还可用20%病毒A 800倍液喷雾防治。软腐病：软腐病于苗期和瘤状茎膨大期，用10万单位/千克的农用链霉素或70%代森锰锌可湿性粉剂500倍液防治，连防2～3次。霜霉病：霜霉病在田间湿度大时易发生，可用疫霜灵250～300倍液防治。榨菜虫害：主要有蚜虫、黄曲条跳甲等。蚜虫：在苗期、定植初期、危害严重时期，用10%吡虫啉可湿性粉剂3 000倍液、或抗蚜威2 500倍液防治。黄曲条跳甲：用80%敌敌畏乳油800～1 000倍液防治。

**6. 适时收获** 榨菜叶片由绿转黄、菜头充分膨大、刚现蕾时为最佳收获期。一般在翌年4月上旬（清明前后）收获，既不影响湖桑生长，又不影响榨菜品质。

## 第四节 葡萄套种榨菜高效栽培模式

上虞区盖北镇现有耕地面积1.5万亩，常年葡萄种植约1.2万亩，是浙江省葡萄种植老产区，其中葡萄架下套种榨菜面积约

9 500 亩。榨菜平均亩产 3 500 千克，亩产值 2 450 元，亩增收 1 050元。

## 一、产量效益

见表 7 - 9。

**表 7 - 9　葡萄套种榨菜产量效益**

| 作　　物 | 产量（千克/亩） | 产值（元/亩） | 净利润（元/亩） |
|---|---|---|---|
| 榨菜 | 3 500 | 2 450 | 1 050 |
| 葡萄 | 2 250 | 8 000 | 5 000 |
| 合计 | 5 750 | 10 450 | 6 050 |

## 二、茬口安排

见表 7 - 10。

**表 7 - 10　葡萄套种榨菜茬口安排**

| 作　　物 | 播种期 | 定植（移栽）期 | 采收期 |
|---|---|---|---|
| 榨菜 | 9 月下旬至 10 月上旬 | 11 月上中旬 | 3 月下旬至 4 月上旬 |
| 葡萄 | 多年生 | | 8～10 月 |

## 三、关键技术

### （一）榨菜栽培

**1. 品种选择**　宜选择余缩 1 号、甬榨 5 号、甬榨 2 号等。

**2. 种植密度**　每亩栽 16 000～18 000 株，畦宽随葡萄园畦宽而定，行距 24 厘米，株距 12～15 厘米。

**3. 肥水管理**

（1）前期管理（11 月上旬至翌年 1 月中旬）。一是追肥：移栽后，结合浇定根水施好活棵肥；第一次追肥在移栽5～7天成活后，每亩用4～5千克尿素加水1 000千克浇施。二是除草：还苗后，每亩大田用60%丁草胺乳剂100～125毫升，或乙草胺50～75毫升加水50千克喷洒畦面，进行芽前除草。三是水分管理：冬前如遇长期干旱，可采取沟灌水1次，水深以半沟水为宜。

（2）中期管理（1月中旬至2月上旬）。一是追肥：在1月下旬，每亩用优质三元复合肥25～30千克加水1 500千克浇施。二是清沟排水：根据气候情况，及时做好清沟排水防渍工作，同时清除沟边杂草。三是培土防寒：结合清沟进行畦面培土、盖草。

（3）后期管理（2月上旬至4月上旬）。一是追肥：在2月下旬追施重肥，每亩用优质三元复合肥30千克加硫酸钾10千克兑水1 500～2 000千克浇施。二是清沟排水：开春后2～3月气候逐渐上升，如遇多雨天气，田间湿度过大，必须及时做好清沟排水工作。

**4. 适期采收**　在植株现蕾时，要及时收割。一般4月初始收，至4月15日左右结束。采收过迟，外皮老、纤维多、空心率高。

**5. 病虫害防治**　种子处理可采用10%磷酸三钠溶液处理10分钟，然后清洗10遍，晾干后播种。

### （二）葡萄与榨菜共生期管理

**1. 中耕施肥**　10～11月结合深耕施基肥，每亩使用腐熟有机肥或商品有机肥1 500～2 000千克。

**2. 整枝修剪**　12月至翌年2月进行整枝修剪，合理选留结果母枝及更新枝，3～4月进行抹芽、定梢。

**3. 病虫害防治**　葡萄整枝后及萌芽前喷2次石硫合剂清园，喷药时用塑料薄膜盖好榨菜，防止药害。

**4. 植株残体处理**　葡萄的落叶、修剪下的枝条以及榨菜收获后的残体等要及时清理，集中烧毁或深翻入土。

# 第五节　杭白菊/烟叶-榨菜高效栽培模式

## 一、基本情况

杭白菊、烟叶和榨菜均是桐乡市传统优势农产品，有着悠久的种植历史。近年来，桐乡市杭白菊种植面积稳定在5万亩左右，烟叶约4 000亩，榨菜5万亩以上。烟叶/杭白菊-榨菜高效栽培模式，充分利用了杭白菊生长前期土地行间空余资源套种烟叶，冬季再种植一季榨菜，增加了土地利用率和产出率，显著提高了亩均效益，增加了农户收入。该模式主要在桐乡杭白菊主产区推广。

## 二、产量效益

杭白菊、烟叶和榨菜均是露地栽种，物化成本投入不是很大，单个作物效益也不算高。通过合理的搭配种植，一般年份三者总产值12 000～15 000元/亩，亩效益1万元以上（表7-11）。其中，杭白菊、榨菜的加工企业众多，农户可鲜品直接投售；桐乡烟叶为晒红烟，农户需经调制、晒干，由桐乡烟草公司统一定点收购，产品销售均无后顾之忧。

**表7-11　杭白菊/烟叶-榨菜高效栽培模式产量效益**

| 作　　物 | 产量（千克/亩） | 产值（元/亩） | 净利润（元/亩） |
|---|---|---|---|
| 烟叶 | 145（干） | 3 920 | 3 040 |
| 杭白菊 | 825（鲜朵菊） | 6 620 | 5 810 |
| | 450（鲜胎菊） | 7 200 | 6 390 |
| 榨菜 | 3 840（鲜） | 2 930 | 2 510 |
| 合计 | | 13 470/14 050 | 11 360/11 940 |

注：杭白菊可采摘胎菊或朵菊，采摘胎菊产量较低、采摘费工、产值略高。实际生产中，农户前期多摘胎菊、后期以采摘朵菊为主。

## 三、茬口安排

本模式季节安排比较紧凑，且3种作物都需要另外择地育苗。特点是前期杭白菊与烟叶套种，中期烟叶采摘后、杭白菊压条全园生产，下一茬冬种作物榨菜。土地利用率高，且实现了绿色过冬（表7-12）。

**表7-12 杭白菊/烟叶-榨菜高效栽培模式茬口安排**

| 作物 | 播植（移栽）期 | 采收期 |
| --- | --- | --- |
| 烟叶 | 2月底3月初育苗，4月移栽 | 7月 |
| 杭白菊 | 生产田选留菊苗，4月移栽 | 10月下旬至11月中旬 |
| 榨菜 | 10月初育苗，11月下旬至12月初移栽 | 3月底至4月上旬 |

## 四、关键技术

### （一）烟叶

**1. 品种选择** 世纪1号。

**2. 育苗** 采用小拱棚加穴盘育苗，用种量0.3～0.4克/平方米，拌消毒土后撒播，即每千克细土或细沙拌50%福美双可湿性粉剂3克、再拌入1克烟籽后撒播。

**3. 移栽** 苗龄50～60天、叶龄5～6叶期定植，畦宽2米（含沟），带土移栽在畦一侧，株距35～40厘米，亩栽750株左右，植后浇足定根水。

**4. 大田管理** 盖宽度为75厘米的地膜。6月10～15日烟叶打顶，有效留叶数控制在10～12张，并施350～400倍液12.5%灭芽灵。

**5. 施肥** 栽前开条沟亩施用商品有机肥1 000千克（若全园基施则与杭白菊共2 000千克），进口复合肥20千克做底肥，追肥2次，亩用量尿素或进口复合肥10千克，一般可在6月中旬破膜后施入。

**6. 病虫防治**

（1）病毒病。以综合防治措施，合理进行轮作，选用无病种子，采用地膜覆盖，做好蚜虫防治工作，加强肥水管理，提高烟株抗病性。

（2）黑胫病。用50%可湿性粉剂百菌清稀释1 500～2 000倍液喷雾。

（3）蚜虫。采用10%的吡虫啉乳油1 200倍液或25%吡蚜酮3 000倍液。

**7. 采收及调制**　7月上旬烟片逐步成熟，应自上而下，分批分级采收；然后进行调制。基本分为上帘、釉叶、曝晒、整理几个步骤。

## （二）杭白菊

**1. 品种选择**　早小洋菊、小洋菊。

**2. 留苗**　上年选生长好种菊地留种，冬季割茎、清园、覆土，开春后施人粪尿200千克，培育壮苗。一般1亩苗地可移栽大田10亩。

**3. 移栽**　大田翻耕作畦，畦宽（含沟）2.0米，如上年种植菊花，需改畦换行栽种，4月上中旬移栽，每畦中间略靠一侧种植1行，株距20厘米，2株/穴，亩栽培3 500～4 000株。

**4. 田间管理**　压条分2次进行：第一次5～6月、当苗高30～40厘米时可进行。需除草松土，每隔15厘米左右压上泥块，保证枝条充分与松土接触，有利菊苗节节生根和节部侧枝生长。预留较长、较多枝在种植烟叶一侧。待烟叶采收后第二次压条，满畦压条，使畦面分布均匀。

7～8月间新梢长到10～15厘米时摘心，与压条相结合，预留生长延长枝，分2次完成摘心，使菊苗分布均匀，亩分枝数

12 万枝左右。

**5. 施肥** 重施基肥，轻施苗肥，追施分枝肥，重施蕾肥。

（1）基肥。栽种前，结合整地翻耕每亩施入有机肥 1 500 千克。

（2）活苗肥、压条肥、分枝肥。视生长势施复合肥 5～10 千克，生长量增加，用肥量增大。

（3）蕾肥。9 月中旬至 10 月初是菊花现蕾期及膨大期，需肥量大。此时用施用尿素或进口复合肥 15～20 千克，促使花蕾增多、增大，开花整齐，可视生长状况施 2 次。

**6. 病虫防治**

（1）叶枯病。发病时期为 6～9 月。防治方法：注意做好轮作、合理密度和排水降湿，药剂防治可用 25%阿密西达 1 500 倍液（或百菌清 800 倍液）加井岗霉素 100 倍液喷雾防治。

（2）蚜虫。多发生在 9 月上旬至 10 月间，一般用 10%吡虫啉 1 000～1 500 倍液或 25%吡蚜酮 3 000 倍液防治。

（3）夜蛾类。主要有斜纹夜蛾、甜菜夜蛾、小菜蛾等，8 月底开始危害，可用 5%抑太保 1 500 倍液或 20%或康宽 3 000 倍液、2%甲维盐 1 500 倍液防治。

**7. 采收** 10 月 25 日至 11 月 20 日分批采收胎菊或朵花，胎菊是花蕾充分膨大，花瓣刚冲破包衣但未伸展为标准；朵菊在花芯散开以花芯散开 30%～70%为标准。及时出售加工企业，经蒸汽杀青并烘干成品。

### （三）榨菜

**1. 品种选择** 桐农 1 号、桐农 4 号、甬榨 5 号等。

**2. 育苗** 苗床选择土壤疏松、富含腐殖质、近水源，并应远离萝卜、白菜等毒源植物，以减少病毒传播。10 月初播种育苗，苗床亩播种量 0.75 千克左右，大田亩用种 0.1 千克。

**3. 移栽** 在杭白菊采收完毕，清除杭白菊枝叶，翻耕，11

月底至12月初定植，株行距12厘米×28厘米，东西向种植行，有利于冬季防冻，定植后随即浇足定根水。亩栽榨菜1.8万株。

**4. 施肥**　施足底肥，定植时，穴施过磷酸钙50千克、复合肥25千克，与土拌匀，追施苗肥尿素用10千克或榨菜专用肥25千克；重施膨大肥尿素25千克、钾肥5千克。

**5. 病虫防治**　10月中旬育苗期及11月上旬移栽后，用吡蚜酮或吡虫啉治蚜虫1～2次，以防止传播病毒。年后及时疏通沟渠，减少黑斑病、软腐病发生。

**6. 采收**　3月底至4月上旬采收，采收标准为薹高5厘米左右，带有花蕾，下部叶片开始落黄，此时产量高、质量最好。要求去除根部、叶、薹，实现“光菜”上市，及时投售或自行加工腌制。

## 第六节　榨菜-乳黄瓜-大头菜高效栽培模式

浙江省桐乡市在多年种植榨菜的基础上，总结形成一套榨菜-乳黄瓜-大头菜的高效栽培模式，乳黄瓜、大头菜、榨菜的产值分别为4 200元/亩、3 200元/亩、2 800元/亩，现将其栽培技术要点总结如下：

### （一）榨菜

**1. 选择良种，适时播种**　榨菜可以选择抗逆性强、丰产性好、瘤状茎圆浑、加工性能好的浙桐1号、浙桐4号、甬榨2号等榨菜品种。播种期一般在9月底10月初，苗龄30～35天。

**2. 施足基肥，合理密植**　榨菜定植前，应施足基肥，可以结合整地，每亩施有机肥2 000千克，三元复合肥25～30千克。11月中下旬，幼苗5～6片叶时定植大田，适宜的株行距为17厘米×25厘米，每亩1.2万～1.5万株。

**3. 巧施追肥，科学管理** 榨菜活棵后，每亩施尿素 5 千克/亩，浇施，并注意浇水抗旱。12 月下旬蜡肥可用复合肥 15 千克/亩，结合清沟进行畦面培土、盖草，有利于抗寒防冻，同时切忌偏施氮肥。立春后，榨菜生长速度加快，应及时追肥，第一次在 2 月上旬，施尿素 20 千克/亩；第二次在 2 月底 3 月初施尿素 25 千克/亩，期间如遇多雨天气，田间湿度过高，必须及时做好清沟排水工作，以减轻软腐病、白锈病的发生。

**4. 适时采收** 3 月底至 4 月初，当榨菜的薹高为 5～6 厘米时采收。

### （二）乳黄瓜

**1. 品种选择** 榨菜采收后，即可种植黄瓜，可以选择抗逆性强、丰产性好的品种，一般选用皮薄肉脆的平望乳黄瓜。

**2. 施足底肥** 选择土壤疏松肥沃、排水良好、轮作期 2 年以上的地块。施有机肥 2 000 千克/亩、三元复合肥 25～30 千克/亩，要深沟高畦，以降低地下水位。

**3. 适时播种，合理密植** 3 月中下旬开始播种，穴盘育苗。4 月中旬定植大田，畦宽 1.2 米，沟宽 30 厘米，每畦种 2 行，株行距 30 厘米×55 厘米，4 500 株/亩，可以采用地膜覆盖。

**4. 合理追肥** 前期薄肥勤施，6 叶期结合培土重施一次肥，产瓜期一般每隔 7 天施 1 次肥，以进口复合肥为主。施肥量要看长势和挂果量而定，每次复合肥 10～15 千克/亩。

**5. 喷乙烯利，搭架绑蔓** 5 叶期和 7 叶期各喷 1 次乙烯利，浓度为 150 毫克/千克，以促进产生雌花，增加产量，但要注意留好授粉行，一般喷 2 行留 1 行。小黄瓜坐果较早，蔓高 30 厘米时应搭架缚蔓，架高 1.8 米左右。主蔓 2 米高时打顶，以促进侧枝萌发，延长产果期。

**6. 及时采收，防治病虫** 商品瓜质量要求较严，需早晚各采收 1 次，一般瓜长约 10 厘米时采收，规格控制在 44～50 条/

千克。这是瓜皮薄、肉质脆嫩、品质良好。大田生长期要做好病虫害防治工作。黄瓜病害主要有枯萎病、霜霉病、炭疽病和白粉病等。枯萎病以农业综合防治为主；对霜霉病、炭疽病和白粉病要及时摘除老叶及病叶，并在发病初期开始用药，以后每隔5～7天喷药1次，连续喷3次。初发病时，可以用杜邦克露500倍液、58%甲霜灵锰锌500倍液等药剂喷雾防治。

### （三）大头菜

**1. 适时播种，合理密植**　8月中旬，待小黄瓜起藤后及时翻耕，播种大头菜种子。大头菜可以直播，结合整地，每亩施用有机肥1 500千克、钙镁磷肥15千克、硼砂1千克做基肥，采用条播，行距25厘米，每亩留苗1万株。

**2. 肥水管理**　大头菜播种后一般7天即可齐苗，齐苗后，用10%～15%的腐熟清粪水进行第一次追肥。苗后20～30天、真叶3～4片时，进行间苗，苗株距6厘米左右。间完苗后，进行第一次中耕除草，并进行追肥。在寒露到霜降期间，进行定苗，株距为20厘米，定苗时可以利用间拔出来的秧苗进行补缺，此时进行第二次中耕除草，并用5%的尿素稀薄水进行追肥，以促幼苗生长。10月上中旬肉质根开始膨大，施重肥2次，每次施尿素20～25千克/亩。结合中耕除草，可培土1～2次，培土可使肉质根柔嫩，不致露出土面，变绿变老。植株基部老叶同化能力弱，应分次打去，以利于通风透光。

**3. 病虫害防治**　大头菜病虫害主要是菜青虫、蚜虫和软腐病。菜青虫可以用金云生物杀虫剂100克/亩。

## 第七节　梨树套种榨菜高效栽培模式

梨是浙江的传统水果，也是浙江省三大水果产业之一。它的兴起源于浙江经济的腾飞而带来的设施栽培技术的应用。20世纪 90 年代以来，随着农业产业结构的优化调整，浙江省梨业生产得到了迅猛发展。梨在宁波市鄞州区以及余姚市都属于一个新兴的水果产业，无论是品种还是栽培技术以及栽培模式都有待提升。因此，引进国内外最新、优质新品种和新技术，进行消化、吸收和创新，将会有效推动宁波市梨产业走向高效、可持续发展的道路。为了促进宁波市梨产业和榨菜产业互动提升，探索了大棚梨园套种榨菜的高效栽培模式，该模式做到了蔬菜与果树、高干作物与矮生作物的合理搭配，在梨园里套种榨菜，既改良土壤，减少杂草生长，培养地力，改善田间小气候，促进蜜梨的生长，同时还可以增加果园的经济效益。具有一定的科学性和实用性，现简要介绍如下：

## 一、产量与效益

该高效种植模式，梨园一般亩产值 10 000 元左右，榨菜一般亩产值 3 500 元左右，全年产值在 13 500 元左右。

## 二、茬口安排

榨菜 10 月上旬播种，11 月上中旬定植，翌年 4 月上旬采收；梨树 8 月采收结束，并陆续落叶，至榨菜定植时，梨树叶片全部脱落，翌年榨菜开始采收时，梨树开始开花。季节及茬口完全匹配。

## 三、梨树和榨菜配套栽培技术

### （一）梨树栽培技术要点

由于秋冬套作蔬菜施用氮肥多，梨可减少氮肥施用量，增施有机肥和磷钾肥。重点施 2 次：一是 5 月下旬至 6 月上旬的膨果肥。以腐熟有机肥 3 500 千克/亩、过磷酸钙 75 千克/亩以及硫酸钾 30 千克/亩，穴施或开浅沟施。二是 8 月下旬至 9 月上旬的采果肥，用三元复合肥 75 千克/亩，辅以尿素 20 千克/亩或碳酸氢铵 40 千克/亩。另外，要在防治病虫时进行根外追肥。主要病害有梨锈病、轮纹病和黑星病等。梨锈病以粉锈宁在谢花期和其后半个月各喷防一次。轮纹病防治可以在 5 月刮病斑，刮后涂抗菌剂，刮下的病原物烧毁，再在果实成熟前半个月以多菌灵、百菌清等药液防果实感病。其他时期以代森锰锌等农药防黑星病以及别的病害。虫害主要有梨木虱、二叉蚜、红蜘蛛、梨盲蝽和刺蛾等。重点是梨木虱，在 5 月前后和秋季发生危害较重，可用吡虫啉、水胺硫磷、木虱净等药剂喷防，兼防蚜虫，药液中宜加入少量中性洗衣粉增强黏着力。红蜘蛛在高温干旱时易发生，药剂用克螨特或三氯杀螨醇等。梨盲蝽在 8～9 月危害较重，用辛硫磷喷防。刺蛾在 6 月底前后和 8 月上中旬前后发生两代，用马拉松、氧化乐果等喷防。冬春季节定要药剂清园。梨树在修剪的时候，考虑到套种榨菜，修剪期应适当提前，多掌握在 1 月底之前完成。注意清除树冠下部的下垂枝或横生枝，采用延迟开心形。对中长果枝多疏少截，对短果枝群多截少疏。采摘时严格分级，以利优质高价。

### （二）榨菜栽培技术要点

**1. 播种期**　10 月 2～5 日播种为宜。

**2. 播种量**　亩播种量 400 克左右，可移栽约 20 亩。

**3. 适期移栽**　苗龄期一般为 35 天左右，11 月上中旬移栽为宜。

**4. 合理密植**　滨海沙壤土亩栽 2 万株左右、稻田 1.5 万株左右。一般行距 25 厘米，株距 12～14 厘米。

**5. 肥水管理**　基肥一般在整畦时施入复合肥 50 千克。还苗后浇施苗肥，一般亩用尿素 4～5 千克，加水浇施。腊肥一般在 1 月上中旬，一般亩浇施复合肥 30 千克，雨天撒施。重肥一般在 2 月中下旬，在雨天撒施；一般亩施尿素 25 千克；钾肥单独浇施，亩用氯化钾 10 千克。3 月上旬追肥一次，亩用氯化钾 10

千克；水分管理应注意清沟排水防渍害和移栽后浇水抗旱促成活。

**6. 病虫防治** 抓好蚜虫、黑斑病、白锈病等病虫的防治。

**7. 适时收获** 一般3月底4月初收获。

注意事项：

**1. 定植密度** 不同地区由于栽培习惯不同，榨菜定植密度存在较大差异，新的梨园与投产梨园由于单位面积栽培梨树的数量不同，单位面积定植的榨菜株数也不同。例如，投产梨园（每亩40株左右梨树），浙江北部一般榨菜定植1.2万株/亩，浙江东部则在2.0万株左右；新建梨园（每亩定植梨树80株左右），浙江北部每亩定植榨菜1万株左右，浙江东部则1.8万株左右。

**2.** 梨园套种榨菜时，在梨树基本周围不定植榨菜（留出直径为1米左右的空间）。

**3.** 梨园套种榨菜时，在畦的中间一般留出宽0.5米左右的走道，以方便榨菜生长期间的操作管理。

## 第八节 鲜食榨菜-大棚长季节西瓜高效栽培模式

大棚长季节西瓜-鲜食榨菜的高效栽培模式是针对大棚西瓜产区品种结构、茬口安排等方面存在的问题，以鲜食榨菜为突破口，经过几年的新品种引选和试验研究而确立的。该模式较之传统种植模式，具有品种结构合理、连作障碍较轻、生育期延长、生产成本降低、产出效益提高等优点，鲜食榨菜亩产2 500千克左右，亩均效益可达5 000元；长季节西瓜以采收4批瓜，亩产4 000千克左右，亩产值在8 000元左右。

### 一、种植茬口与季节安排

鲜食榨菜播种期9月下旬，10月下旬定植，12月底至翌年

1月初采收，在瘤状茎达到150克左右，即可分期分批采收上市；大棚长季节西瓜12月下旬播种，翌年1月中旬至2月上旬定植，4月下旬至5月中旬始收，以后每隔一个月左右采收一批瓜，可连续采收4～5批，10月上旬采收结束。鲜食榨菜亩产2 500千克左右，亩均效益可达5 000元；长季节西瓜以采收4批瓜，亩产4 000千克左右，亩产值在8 000元左右。该模式充分利用了肥料，西瓜种植后种植榨菜，无需施用肥料，减少农资投入，经济效益明显增加。

## 二、关键栽培技术要点

### （一）大棚西瓜长季节栽培技术

**1. 选用良种**　选用优质、高产、抗病良种，如84－24（早佳）、小型瓜早春红玉等品种。

**2. 整地作畦**　在冬季翻耕时，每亩用有机肥2 000～2 500千克、进口复合肥40～50千克。结合整地，在移栽前15～20天施入，畦面平整，呈龟背形，并开好排水沟。

**3. 培育壮苗**

（1）育苗时间。一般在1月上中旬，2月中下旬移栽，秧龄30～35天。

（2）苗床准备。用理化性状较好的耕作层土壤和腐熟的土杂肥充分堆制播种前一周用杀菌剂进行土壤消毒，并做好保温加温措施。

**4. 适时定植**

（1）定植时间。一般在2月中下旬，选择植株健壮，根系发达的秧苗，抢晴移栽。

（2）定植方法。一个大棚种2畦，每亩密度在550株左右。

（3）四膜覆盖。采用外面扣大棚，大棚内扣中拱棚，中拱棚内扣小拱棚，小拱棚内再覆盖地膜的栽培方式，以满足西瓜生长所需的温度条件，提早上市时间。

**5. 大田管理**

（1）节水微灌。在畦面铺设滴灌带，实现肥水同施，养分直接渗透到植株根系周围，可减少用水量，提高劳动效率。

（2）平衡施肥。采用基肥深施，施足有机肥，氮磷钾合理搭配，做到前适、中促、后保，以延长西瓜的采收期。一是看苗施好伸蔓肥，对长势差的适当施些伸蔓肥；二是施好膨瓜肥，要求在西瓜碗口大时，亩施45%复合肥15～20千克，一周后再施15千克左右，采收前一周停止施肥；三是施好调控肥，主要是在7～8月调控子孙蔓生长，一般亩施三元复合肥15～20千克加磷酸二氢钾0.3～0.4千克，施肥时间掌握在下午3时以后，高温季节在下午6～7时施肥为好。

（3）病虫综合防治。主要做好立枯病、枯萎病、病毒病、蚜虫、红蜘蛛、瓜绢螟等的防治工作。从农业生态环境出发，以提高西瓜品质为重点，贯彻“预防为主、综合防治”的植保方针，生产过程严格按照无公害的标准进行，禁用“两高”农药和“三致”农药，确保生产安全。

（4）三蔓整枝。保留1条主蔓2条侧蔓，其余全部打掉，并及时理顺子蔓，各蔓在畦面保持一定距离平行生长。等坐果后，放任子蔓、孙蔓生长，提高叶面积系数，促进果实膨大，提高西瓜品质。

（5）认真疏瓜。当西瓜长到乒乓球大小时进行疏瓜，一般要求主蔓保留2～3个瓜，子蔓保留1～2个瓜，疏瓜时注意保留圆整健壮瓜，疏去病瓜、弱瓜、畸形瓜。

（6）人工授粉。一般授粉时间在上午7～10时进行，授粉后做好授粉标记。

**6. 适时采收** 大棚西瓜一季可采收4～5批，因前期气温较低，第一批瓜成熟时间较长，一般35～40天成熟，五一节可上市；第二批瓜30～35天成熟；中后期瓜20～25天成熟。采收可根据授粉标记进行分期分批采收，一般在上午进行，不可手摘，要用剪刀采收。

### （二）鲜食榨菜栽培技术

与本章第六节榨菜栽培技术内容一样，不再赘述。

## 第九节　榨菜-长豇豆高效栽培模式

余姚市小曹娥镇位于东经 120°52′～121°25′，北纬 29°39′～30°21′，平原海拔高度 2.5～6.1 米，常年日照 2 061 小时，年降水量 1 270 毫米，年平均气温 16℃，拥有典型姚北滨海平原自然条件。农业产业结构调整工作实施以来，针对蔬菜生产中出现的品种结构不够合理、茬口安排不够科学等问题，小曹娥镇以发展蔬菜生产为突破口，经过几年的新品种引选和试验研究，形成了榨菜-长豇豆一年两熟高效轮作的加工型蔬菜栽培模式。较之传统的栽培模式，该模式具有品种结构合理、连作障碍较轻、生长期延长、生产成本降低、生产效益提高等优点，每亩收入 7 392 元。

### 一、种植茬口与季节安排

榨菜于 9 月底至 10 月初播种育苗，11 月上中旬移栽，翌年 4 月上中旬收毕；每亩产量 3 907 千克，每亩产值 3 114 元。长豇豆于 7 月 15 日左右在未收毕的黄瓜根边叉穴插播，10 月底至 11 月上旬收毕，每亩产量 1 860 千克，每亩产值 4 278 元。

### 二、技术优势

冬栽榨菜、秋种长豇豆，一是能充分利用季节空间，光、温、水、气、热等自然条件，提高土地复种利用率。二是减轻连作障碍，利于发展轮作，提高了作物产量和质量。三是采用一架双作，提高了架材利用率，减少了作物病虫发生与防治，省工节本。四是减少了周年连作而引起的病虫害发生，从而减轻施药污染，改善了生态环境。

## 三、栽培技术

### （一）榨菜

**1. 选用良种** 选择适宜加工、产量高、抗病性较强、抽薹迟、品质较好的半碎叶品种，如甬榨5号、缩头种等。

**2. 培育壮苗** 9月底10月初分期分批播种。选择肥沃、疏松、保水保肥力强、灌溉方便的壤土，且要远离其他十字花科菜地及村庄附近的田块种植，及早翻耕晒垡，熟化土壤。同时施足基肥，一般每亩施有机肥2 000～3 000千克、过磷酸钙15～20千克，整畦后再施入腐熟人粪尿1 500～2 000千克做面肥。每亩播种量0.4千克左右，做到细播匀播。最好以大棚或小拱棚、用20～30目的白色或银灰色防虫网全程覆盖，也可用遮阳网覆盖育苗，达到防蚜虫、病毒病等的目的。

**3. 苗期管理** 整个苗期间苗2～3次，每次间苗后及时施薄肥，并视天气情况在早、晚浇水保湿润。苗期防蚜虫、烟粉虱3次，药剂可选吡虫啉系列、啶虫脒等。移栽前3～5天施好起身肥，移栽时苗地要浇足水，以利起苗，做到带药、带肥、带水、带土下田。

**4. 移栽** 移栽前及时清洁田园，清除残枝败叶及杂草，每亩施腐熟有机肥2 000～2 500千克、复合肥30千克。畦宽（连沟）1.5米，深沟高畦，畦面成龟背形，以利排水。一般在11月上中旬、苗龄达到35天左右时移栽。移栽前，先用榨菜专用架子开好穴，把苗分散放入穴中，然后用手扶苗，用细土地轻轻压实，使根系与土壤充分结合，浇好定根肥。每亩种植密度2万株左右。

**5. 大田管理**

（1）及时追肥。整个大田生长期一般追肥4次。第一次是苗肥，在栽后施入，每亩用尿素4～5千克，兑水1 000千克浇施。第二次是初膨大肥，在翌年1月下旬施入，每亩用碳铵25千克、过磷酸钙20千克、氯化钾5千克，兑水1 500千克浇施。第三次在2月下旬瘤状茎膨大盛期，宜用速效肥重施，每亩用尿素25千克、氯化钾12.5千克。隔1周后第四次施肥，视田间长势适量补追抓平衡，每亩施用尿素5千克、氯化钾7.5千克。

（2）清沟排水。榨菜整个生长期一般不缺水，水分管理上主要是开沟排水，降低田间湿度，防止渍害。同时，通过开沟把沟土培在畦两边植株旁，有利于保暖防冻害。但在个别年份11月也有出现长期干旱的情况，要做好抗旱工作，可采用沟灌、浇水的方法，以促进缓苗。

（3）病虫害防治。榨菜的病虫害主要是蚜虫、小菜蛾、烟粉虱、病毒病、黑斑病、白锈病等。做好合理轮作、加强培肥管理等农业防治，使榨菜生长健壮，提高抗病能力；同时，利用吡虫啉、啶虫脒等农药进行化学防治，要交替使用农药，禁用高毒高残留农药。缓苗后及时防除杂草，可选用除草剂，待植株长大封行后，杂草影响较少，对畦边杂草可采用人工拔除，不必再进行全田除草。

**6. 适时收获**　一般翌年4月初，当叶片绿里显黄、挺括，瘤状茎黄绿色，尚未抽薹时即可收获。

## （二）长豇豆

**1. 选用优良品种**　选择适宜加工又鲜销、耐运、早中熟、高产、抗病性强的品种，如之豇106、扬豇40等。

**2. 及时间插播种**　当前作如黄瓜将要收毕时，利用下部透光空间，采取沿瓜根间插穴播，行株距75厘米×20厘米左右，每穴播3～4粒种子，每亩栽4 500～5 000穴。

**3. 大田培育管理**

（1）引蔓梳理植株。当苗长到25厘米左右时，引蔓上架，之后要精心管理，选留侧蔓，摘除生长弱和第一花序迟开的侧蔓。在蔓长到架顶时，分次分批摘顶，以改善光照、调节株型，促进侧蔓生长和生殖生长。

（2）合理施肥。及时在行间开沟深施腐熟有机肥 1 000 千克/亩，或适量辅以磷钾肥。苗期不必追肥，抽蔓后期可酌情亩施三元复肥 10 千克/亩左右，盛收后浇施三元复肥 10～15 千克/亩，每隔 10 天左右追肥 1 次，连续 3～4 次，促使结荚、长荚，提高长豇豆产量和商品率。

（3）病虫防治。病虫害主要是根腐病、叶霉病和豆野螟、斑潜蝇。病害可用 50%多菌灵可湿粉剂 800 倍液或 25%使百克乳油 1 500 倍液或甲基托布津 800～1 000 倍液于发病初期防治；虫害用 20%氯虫苯甲酰胺 8～15 毫升/亩、75%灭蝇胺 4 000 倍液喷雾防治。注意用药安全间隔期。

**4. 采收** 长豇豆开花至嫩荚采收一般在 10～15 天。推迟采摘，单荚产量仍会增加，但商品性可能下降，要根据市场需求状况确定，追求种植效益的最大化。

## 第十节 榨菜-辣椒高效栽培模式

余姚市小曹娥镇位于东经 120°52′～121°25′，北纬 29°39′～30°21′，平均海拔高度 2.5～6.1 米，常年日照 2 061 小时，年降水量 1 270 毫米，年平均气温 16℃。经多年的农业种植结构调整，形成了榨菜-辣椒一年两熟加工型蔬菜栽培模式，一年两熟的栽培模式是小曹娥镇针对滨海平原蔬菜产区在品种结构、茬口安排等方面存在的问题，以辣椒为突破口，经过几年的新品种引选和试验研究而确立的。该模式较之传统种植模式，具有品种结构合理、连作障碍较轻、生育期延长、生产成本降低，产出效益提高等优点，一般全年亩产 7 000 千克，亩产值 8 000 元，亩净收入 5 000 元以上。

## 一、模式种植茬口与季节安排

榨菜于9月底至10月初播种育苗，11月上旬移栽，翌年4月上旬收毕，亩产3 710千克，亩产值2 130元。辣椒于12月下旬播种，翌年4月上旬移栽，6月中旬始收、8月中旬终收，一般亩产2 500千克，亩产值2 000元。

## 二、栽培技术

### （一）榨菜

**1. 选用良种**　选择适宜加工、产量高、抗病性较强、抽薹迟、品质较好的半碎叶品种，如当地农家缩头种、余缩1号、甬榨2号等。

**2. 培育壮苗**　9月底10月初播种；宜选择疏松肥沃、保水保肥性强、灌溉方便，并且远离其他十字花科蔬菜的田块育苗。要施足基肥，一般施有机肥30 000～45 000千克/公顷；过磷酸钙225～300千克/公顷；整畦后再施入腐熟人粪尿22 500～30 000千克/公顷做面肥。播种量为6千克/公顷左右，做到细播匀播。最好以大棚或小拱棚的形式，用20～30目的白色或银灰色防虫网全程覆盖，也可用遮阳覆盖育苗，达到防蚜虫和病毒病的目的。

**3. 苗期管理**　整个苗期一般间苗2～3次，每次间苗后及时施薄肥，并视天气情况及时浇水保湿润。苗期防蚜虫、烟粉虱3次，药剂可选吡虫啉系列、啶虫脒等。移栽前3～5天施好起身肥，移栽时苗地浇足水，以利起苗，做到带药、带肥、带水、带土下田。

**4. 移栽**　移栽前及时清洁田园，清除残枝败叶及杂草，用腐熟有机肥30 000～62 500千克/公顷，复合肥450千克/公顷。畦宽（连沟）1.5米，深沟高畦，畦面成龟背形，以利排水。一般在11月上中旬、当苗龄达到35天左右时移栽。移栽前，先用榨菜专用架子开好穴，把苗分散放入穴中，然后用手扶苗，用细土轻轻压实，使根系与土壤充分结合，浇好定根肥。种植密度为30万株/公顷左右。

**5. 大田管理**

（1）及时追肥。整个大田生长期一般追肥4次。第一次是苗肥，一般在移栽后施入，施用尿素60～75千克/公顷，兑水15 000千克浇施；第二次是膨大肥，一般在翌年1月下旬，用碳铵375千克/公顷、过磷酸钙300千克/公顷、氯化钾75千克/公顷、兑水22 500千克浇水；第三次是在2月下旬瘤状茎膨大盛期，宜用速效性肥料重施，施入尿素375千克/公顷、氯化钾180千克/公顷。隔1周后，视田间长势适量补追抓平衡，施入尿素75千克/公顷、氯化钾75千克/公顷。

（2）清沟排水。榨菜整个生长期一般不缺水，在水分管理上主要是开沟排水，降低田间湿度，防止渍害。同时通过开沟，把沟土培在畦两边植株旁，有利于保暖防冻害。

（3）病虫害防治。榨菜的病虫害主要是蚜虫、烟粉虱、病毒病、黑斑病、白锈病等。在防治措施上，首先要做好合理轮作、加强肥水管理等农业措施防治，使榨菜生长健壮，提高抗病能力。蚜虫除直接危害外，还传播病毒病。在出苗、齐苗、移栽前防治3次蚜虫，药剂可选用吡虫啉系列，如一遍净1 500倍液等。近年来，烟粉虱的危害有加重趋势，药剂可选用20%啶虫脒乳油3 000倍液进行防治，同时农药使用时要交替使用，禁用高毒残留农药。

**6. 适时收获** 一般翌年4月初，当叶片绿里显黄、挺括、瘤状茎黄绿色即可收获。

## （二）辣椒

**1. 品种选择** 应选择优质、高产、抗病、抗逆性强的品种，如红天湖203等。

**2. 培育壮苗**

（1）播种准备。苗床应选择背风向阳并且没有种过辣椒的田块；播前10天准备好苗床。可采用催芽播种或直接播种（晒干后）。

（2）适时播种。如果采用2棚3膜的方式育苗，可在12月中下旬播种；如果采用小拱棚的方式育苗，一般在1月中下旬播种。一般用种量525～600克/公顷，播前浇足底水，播后用细土或砻糠灰盖好，然后平铺地膜，搭好小拱棚。

（3）苗期管理。当30%种子出芽后，及时揭去覆盖的地膜，要适时间苗，拔除杂草；在幼苗不受冷害的前提下，多通风透光。

**3. 施足基肥**　定植前清除田间枯枝残叶，一般畦中间开沟施有机肥30 000千克/公顷、复合肥600千克/公顷，然后盖土平整，畦宽150厘米，深沟高畦，畦面呈龟背形。

**4. 合理密植**　移栽一般在4月上旬进行，栽前先盖好地膜，按行距75厘米、株距30厘米开好穴，栽后用泥土压实穴口，浇好定根水，亩栽3 000株左右。

**5. 田间管理**

（1）水分管理。辣椒不耐涝，要及时清沟培土，以防渍害、倒伏。6月下旬进入高温、干旱时期，视情况采用灌“跑马水”的方式，及时补充辣椒对水分的需要。

（2）及时追肥。辣椒成活后用碳铵、磷肥轻施苗肥一次，促生长。当辣椒进入盛花期到结椒期（5月中旬左右）时，畦中开沟施重肥一次，施用复合肥750千克/公顷，或其他相应肥料，以后视情况灵活掌握，可结合防病治虫时进行根处追肥。

（3）植株调整。及时整掉基部侧枝，摘除枯黄病叶，以减少养分消耗，促进田间通风透光，降低田间湿度。

（4）病虫防治。辣椒的主要病害是疫病和炭疽病，虫害主要是斜纹夜蛾和甜菜夜蛾等。在抓好适期播种、培育壮苗、合理密植、田间管理等生产环节的同时，严格按照无公害生产技术要求选用对口农药及时防治。

**6. 及时采收** 成熟的辣椒果实应及时采摘。采收过迟，不利于植株将养分向上部果实传递，影响上部果实的膨大。但采摘过早，果实过嫩，果肉太薄，色泽不光亮，会影响果实的商品性。采摘时间应选在早、晚进行；中午不宜进行采摘，因水分蒸发多，果柄不易脱落，容易损伤植株，引发病害。

## 第十一节 榨菜-黄瓜-雪菜（包心芥）高效栽培模式

榨菜-黄瓜-雪菜一年三茬高效栽培模式，一般榨菜亩产4 000千克左右，亩产值约2 000元；黄瓜亩产9 000千克左右，亩产值约6 000元；雪菜（包心芥）亩产3 000千克左右，亩产值约1 500元。全年亩产值可达万元，具有较高的推广应用价值。现将有关技术介绍如下：

### 一、茬口安排

榨菜9月底10月初播种，11月上中旬移栽，4月上旬收获。

黄瓜4月中旬直播，6月中旬始收，8月中下旬终收。

雪菜8月初播种育苗8月下旬直播，10月下旬至11月上旬收获。

包心芥7月下旬播种，9月下旬移栽，10月下旬收获。

### 二、技术要点

#### （一）榨菜

**1.** 选用甬榨2号、农家缩头种等优良品种。

**2.** 适期播种，抓好管理，防好蚜虫，避免传毒。

**3.** 科学运筹肥水，采取健身栽培。

**4.** 适时收获，保证质量。

## （二）黄瓜

**1. 品种**　选用鲜销加工兼用并适宜露地栽培的品种，如津优1号。

**2. 及时播种**　一般在3月中下旬播种育苗或4月中旬直播。采用苗床营养土或营养钵育苗，抓好温湿度调控等苗床管理工作。

**3. 施足基肥**　基肥以充分腐熟的有机肥为主，一般亩施有机肥2 000～2 500千克，复合肥（N、P、K为15-15-15）、过磷酸钙各50千克左右。

**4. 合理密植**　一般在4月上中旬，直播的在子叶平展时移栽；营养钵育苗的可在真叶3片左右时移栽，采用地膜覆盖栽培，每亩种植3 500～4 000株。

**5. 大田管理**

（1）肥水管理。一般前期轻施促生长，结瓜后施重肥一次，亩用复合肥30千克左右。以后每7～10天一次，亩用复合肥20千克左右或其他相应肥料，也可用0.2%磷酸二氢钾加0.3%尿素或其他液肥进行根外追肥。黄瓜生长期易出现梅雨、高温干旱等不利气候，要保证田间排灌畅通，以便梅雨期的及时排水和高温干旱水分的及时补给。

（2）搭架绑蔓。瓜蔓倒地前搭架成人字架，及时绑蔓，随时做好打杈、摘除老病叶等植株调整工作。

**6. 病虫防治**　主要病害枯萎病、霜霉病、疫病、细菌性角斑病等，虫害主要是蚜虫、红蜘蛛等，选用对口农药及时防治。

**7. 采取商品嫩瓜**　一般在谢花后约10天即可采收。根瓜要提早采收，以免影响蔓叶和后续瓜的生长。始果初期3～4天采收一次，盛果期1～2天采收一次。

### (三) 雪菜

**1. 品种** 选用如上海金丝芥、吴江芥等适应性强、较抗病毒的品种。

**2. 适期播种** 一般在8月初前后播种育苗或8月下旬直播。

**3. 适时移栽** 苗龄一般不超过25～30天。定植最好选择在晴天下午或阴天进行，做好带药、带水、带土移栽。每亩种植6 000株左右。

**4. 田间管理** 定植后早晚浇水促成活。活棵后要及时追肥，掌握由稀到浓的原则，一般追肥3～4次。

**5. 病虫防治** 主要病虫害有病毒病、蚜虫、小菜蛾等，重点是病毒病。结合农业措施，在苗期和本田生长前期应每隔7～10天一次喷药防好蚜虫，农药可选用吡虫啉、啶虫脒等。

**6. 适时收获** 冬雪菜生长期较短，一般大田生长期仅60多天，根据榨菜移栽季节，一般在10月下旬至11月上旬收获。

### (四) 包心芥

**1. 品种选择** 选用适应高温性较强、株型紧凑、结球力高、抗病抗逆行强的早中熟品种。如蔡兴利特选大坪埔大肉包心芥。

**2. 播种育苗** 一般在7月下旬播种，大田亩用种量25克。播前精细整地，防好地下害虫。播后覆盖遮阳网，保温防暴雨，同时抓好删密、施肥、浇水、除草等苗期管理工作。

**3. 施足基肥** 每亩施腐熟有机肥1 500～2 000千克，可以在毛田时施入，整畦时再在畦中施如复合肥20千克或相应其他肥料，根据土壤肥力酌情增减。

**4. 适令移栽** 一般在播种出苗后25～30天、当有5片左右真叶时就可移栽。移栽宜在晴天傍晚或阴天进行，做到带肥、带药、带水、带土下田。栽后浇好定根水，促进还苗。

**5. 合理密植** 一般畦宽（连沟）120～150厘米双行种植，

株距 25～30 厘米亩栽 3 500 株左右。

**6. 田间管理**

（1）及时查苗补缺。定植时正值高温干旱天气，容易出现僵苗、死苗现象，移栽后要及时查苗补缺，力争全面平衡早发。

（2）加强肥水管理。由于包心芥专青后发棵较快，需要不断地肥水供应。因此，要结合抗旱及时追肥，肥料由淡到浓，一般亩用尿素 4～5 千克或其他相应肥料，每隔 7～10 天一次，追施 2～3 次。当包心率达 5%时施重肥，亩用尿素 15 千克加氯化钾 7.5 千克或其他相应肥料，以后根据长势，肥力状况灵活掌握。同时，做好中耕除草、开沟排水等工作。

（3）病虫防治病害主要是病毒病和软腐病。虫害主要是蚜虫、小菜蛾和夜蛾类害虫。防治技术上，首先抓好农业防治，要辅以化学防治。做到交替安全间隔用药。

**7. 适时收获**　一般叶球紧实、外叶稍黄时即可收获。

# 第八章 榨菜加工技术

## 第一节 蔬菜及蔬菜加工概述

### （一）蔬菜加工概述

蔬菜是人们日常生活中必不可少的重要农产品，随着农业产业结构的调整和效益农业的发展，蔬菜的种植面积日渐扩大。中国是世界蔬菜生产和贸易第一大国，据FAO统计数据，2012年中国蔬菜产量为5.76亿吨，收获面积2 470万公顷，分别占世界总量的52.13%和43.12%。目前，我国蔬菜生产已经步入了快车道，它的快速发展宣告蔬菜的产销已经从过去的卖方市场彻底转变为买方市场，从而在极大地丰富国内蔬菜市场的同时也给广大消费者的“菜篮子”带来了相当的实惠。作为“菜篮子”工程的重要组成部分，蔬菜深加工正扮演着越来越重要的角色。开展蔬菜深加工不仅可以延长蔬菜的储藏和供应期，缓和蔬菜淡旺季的产、供、销矛盾，而且还可以改进蔬菜的风味和营养、增加花色品种、丰富市场、满足人们对蔬菜副食品日益增长的消费需求，同时也便于蔬菜的远距离扩散销售及进行国际间贸易。此外，通过蔬菜深加工还可以使产品增值、帮助农民增收、分担政府压力……这些都在相当程度上体现了蔬菜深加工的现实意义和经济意义。

浙江是我国蔬菜生产和深加工较为发达的省份。盐渍蔬菜、速冻蔬菜、脱水蔬菜以及近年来发展较快的蔬菜保鲜产业构成了浙江省蔬菜深加工的产业支柱。像盐渍菜中的榨菜、雪菜、萝卜干以及众多的速冻蔬菜、脱水蔬菜和保鲜蔬菜在国际上都有一定的知名度。也涌现出了一大批如浙江海通集团、慈溪蔬菜开发公司等产值数千万元乃至超亿元的龙头企业。面对国内产业结构调整带来的蔬菜生产大发展及加入WTO后所面临的新形势，浙江的蔬菜深加工产业同样需要在原有基础上来一个飞跃，这是不言自明的。

### （二）国内外研究现状和发展趋势

就蔬菜深加工的产业发展而言，我国也经历了由小到大、由弱到强的发展过程。目前，蔬菜深加工的产品品种已由过去较为单一的罐藏蔬菜、盐渍蔬菜和脱水蔬菜发展到包括速冻蔬菜、保鲜蔬菜、蔬菜饮料等多门类、多品种齐头并进、共同发展的产业格局，且保持了良好的内销和外销势头。例如，盐渍蔬菜是我国的传统产品，主要向日本和东南亚国家出口且出口量在逐年增加。我国近年每年出口的盐渍蔬菜产品在20万吨以上，创汇约1.4亿美元。有资料显示，日本国内盐渍蔬菜消费总量中约80%均来自于中国。2000年中国大陆出口到日本的盐渍蔬菜为22.20万吨，占整个输入量的81.9%；出口到我国台湾省为8 311吨，占3.1%；出口到泰国为3.14万吨，占11.6%；出口到越南5 170吨，占1.9%。脱水蔬菜是我国对外出口的又一主要品种，现有品种20多个，年出口量近2.6万吨，主要销往西欧、美国、日本等国家和我国香港等地区。主要品种有白菜、甘蓝、香菇、笋干、胡萝卜等。据国家海关总署的统计资料显示，自20世纪90年代以来，我国脱水蔬菜的出口量每年以30%的速度递增。目前，我国脱水蔬菜的出口总量约占世界总量的2/3。相比较而言，速冻蔬菜在我国的生产历史较短，但我国生产的速冻蔬菜绝大多数用于出口，出口的国家和地区数量逐年增多。目前，已出口日本、美国、德国以及我国香港等28个国家和地区。其中，日本、美国从我国进口速冻蔬菜的数量最大，而且仍在逐年增加。据日本冷冻食品协会统计，1997年1～11月日本从中国进口的冷冻蔬菜达19.7万吨，其中芋头4.8万吨，是1992年的3倍；其次是菠菜，在进口蔬菜品种中占第三位。罐头食品在我国的生产历史较久，在所有400余种产品中，畅销的品种有50余种。其中，蔬菜罐头是当今市场的宠儿，需求也持续增长。蔬菜罐头以供应半成品为主、成品为辅。半成品主要有竹笋、马蹄、芦笋、香菇、蘑菇、金针菇、玉米笋、大粒青豆等20多个品种。成品则以野菜罐头为主，如薹菜、蕨菜等，以天然、无污染为特点。目前，国外市场普遍看好蔬菜罐头。我国每年出口的罐头食品中，蔬菜罐头约占了总量的60%，可谓是一枝独秀。

国内蔬菜加工业的发展虽然在一定程度上展现了国内蔬菜深加工的一些成绩，但是，面对我国目前蔬菜生产超量发展的现实对蔬菜深加工带来的压力，以及加入WTO后对国内蔬菜深加工的挑战和机遇，我国蔬菜深加工产业的发展水平和发展速度仍是不容乐观的。第一，我国蔬菜的人均占有量虽然已是世界人均占有量的2倍以上，但加工量仅占国内蔬菜生产总量的10%左右，且有相当数量为低附加值和低水平的加工产品。第二，国内蔬菜深加工尚有许多产品从种子到机械设备、甚至包装材料都还受制于其他国家。所有这些都在很大程度上制约了国内蔬菜深加工产业的发展。因此，加快发展国内的蔬菜深加工产业以适应新形势发展的需要已到了刻不容缓的地步。

## 第二节　蔬菜腌制的原理及相关进展

蔬菜腌制是我国应用最普遍、最古老的蔬菜加工方法。所谓蔬菜腌制，本质上指是微生物对蔬菜的发酵作用。蔬菜腌制指的是一种利用盐的渗透作用、微生物发酵来保藏蔬菜，并通过乳酸菌的发酵作用、调味配料的腌制，增进蔬菜风味。发酵蔬菜、泡菜、榨菜都是腌制蔬菜食品。

常见的腌制蔬菜分为发酵型腌菜和非发酵型蔬菜。

发酵型蔬菜有半干发酵型腌菜，如榨菜和冬菜等；湿发酵型腌菜，如泡菜和酸菜等。由于各种微生物在其发酵过程中的繁殖发育，使蔬菜成分分解而产生特殊的风味，作用十分复杂。非发酵型腌菜指的是咸菜、酱菜和醋渍菜等，是用高浓度的食盐腌制，使微生物难以繁殖而达到经久保藏的目的。从蔬菜本身来说，并不是完全没有发酵作用，而是发酵作用不显著。

蔬菜通过腌制加工，无论外观和成分上都会发生复杂的变化，这些变化来源于渗透作用和发酵作用两方面。渗透作用是利用食盐较高的渗透压，使蔬菜组织软化，以保存可溶性内容物的呈味成分，并阻止腐败菌的生长和繁殖以达到保存的目的。腌菜时食盐浓度越高，其防腐效果越好。但是，高浓度的食盐溶液会引起强烈的渗透作用，蔬菜就会因为细胞骤然失去水分而致皱缩，并造成营养成分的流失。为了减少这些损失，可分层加盐。使用食盐的浓度，因蔬菜种类而异。组织细嫩和细胞液较稀薄的蔬菜，应少加盐；反之，则可多加。通常榨菜坯料的加工用盐量为12%～15%。

蔬菜腌制过程中的发酵作用是利用微生物（主要是乳酸菌）将蔬菜中的碳水化合物和蛋白质等复杂的有机物分解为简单的化合物，从而获得能量和生长发育所必需的养分。它们对于蔬菜中有机物的分解是有先后程序的，一般先分解糖分，接着分解果胶和半纤维素，然后再分解蛋白质。蔬菜中糖分的发酵作用，主要有乳酸发酵（由乳酸菌分解糖，生成乳酸；或者，除生成乳酸外，还能产生醋酸、乙醇和二氧化碳）、酒精发酵（由酵母将糖分发酵而生成乙醇）、醋酸发酵（由糖发酵生成乙醇，再氧化为醋酸）和丁酸发酵（由丁酸菌分解糖分，生成丁酸）等。蔬菜的糖分由于被不同的微生物所作用，其发酵生成的产物也不同。乳酸发酵过程中生成的乳酸，可以预防腐败菌，因为腐败菌只能在

pH 5.0 以上的环境中生长发育，而乳酸菌可在 pH 3.0～3.5 的环境中生长发育，所以乳酸的积累是蔬菜耐储的主要原因之一。在酒精发酵和醋酸发酵过程中，生成的微量乙醇与醋酸化合产生酯类，发出的芳香可增进腌菜的风味。丁酸发酵生成的丁酸，不仅对蔬菜的腌制加工无益，而且会使腌菜产生令人不悦的风味，应予防止。乳酸菌的发酵不需空气，而大多数产膜酵母和霉菌均系好气菌。所以，蔬菜腌制时要压紧或密封，也可用盐水淹没，以隔绝空气。

尽管乳酸菌只是植物的原生微生物其中的一小部分，但它们代表了最具有显著改善植物食品健康促进特性能力的重要微生物，发酵可以促进植物性食品获得更多健康强化的特性，而其中乳酸发酵是最普遍的，发酵过程与不同微生物的酶系密切相关。植物性食品富含很多营养因素（如维生素、矿物质、抗氧化剂、酚类物质和膳食纤维等），也包含各种各样的抗营养因子（如草酸盐、蛋白酶、α-淀粉酶抑制剂、凝集素、缩合单宁和植酸等），由于植物的化学成分和生物转化的可能途径都是多种多样的，所以植物的发酵就像由各种细菌（主要是乳酸菌）承担的代谢迷宫，如图 8-1 所示，每株迷宫路径涉及可以产生目标底物的特异性细菌酶。细菌代谢遵循哪一条路径取决于这些酶的共同作用，导致了发酵过程中产生富含高生物利用度的发酵植物生物活性化合物，和/或产生具有少量抗营养的化合物。这个迷宫涉及多种次生植物代谢产物（如酚类物质），而正是这些源于植物原料的形形色色的代谢产物，赋予了不同腌制蔬菜的独特的质构特点、风味和营养。这些迷宫经历的路径是与乳酸的适应性生长和在发酵过程中存活情况有关的，分析发酵过程中各因素间相互作用的组学方法揭开了特定的植物原料（如榨菜、萝卜、雪菜等）发酵过程中与原料加工最适应的乳酸菌的特性。基于此，可以根据原料特性去对发酵的过程进行最佳设计和优化。

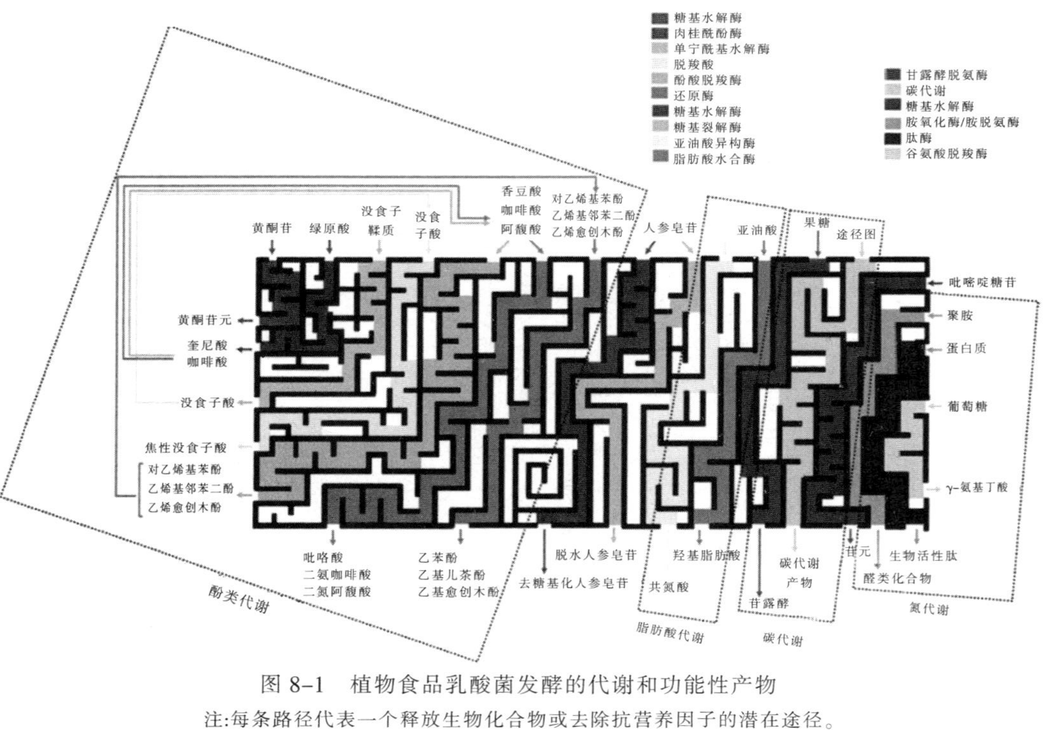


图 8-1 植物食品乳酸菌发酵的代谢和功能性产物

注:每条路径代表一个释放生物化合物或去除抗营养因子的潜在途径。

# 第三节　蔬菜腌制品有害物质的控制研究进展

## （一）亚硝酸盐的形成

近年来，世界上氮肥使用量增长快，造成土壤中亚硝酸盐含量增加，同时加剧了土壤硝酸盐的淋溶过程。硝酸盐由土壤渗透到地下水，对水体造成严重污染。

我国118个城市地下水的分析资料显示，城市地下水的硝酸盐含量超过了国家标准，64%的城市亚硝酸盐含量超过了世界标准。氮肥的大量使用使植物类食物原料中含有较多的硝酸盐和亚硝酸盐，而腌制蔬菜在制作过程中伴随着一系列微生物（大肠杆菌、变形杆菌、沙门氏菌等硝酸盐还原菌）的发酵活动，微生物代谢的复杂过程就会使蔬菜原料中本身含有的硝酸盐进一步转化为有害物质亚硝酸盐。虽然蔬菜原料中的酚类和维生素C等物质会将亚硝酸盐还原，但是微生物发酵过程中生成的亚硝酸盐远大于被还原的亚硝酸盐。因此，随着腌制蔬菜腌制过程的进行，亚硝酸盐含量会逐步增加。此即蔬菜为原料的腌制食品中亚硝酸盐的主要来源。

一般情况下，蔬菜腌制刚开始的时候亚硝酸盐的含量会不断增长，达到一个高峰之后就会下降。这个峰叫做亚硝峰。有的蔬菜出现一个峰，也有的出现3次高峰。对于亚硝峰出现的时间，与蔬菜加工量、用盐量、加工环境（温度等）都是密切相关的。例如，家庭自制的腌制蔬菜，在常温（20～25℃）条件下，第2～3天即可达到亚硝峰；而对于工厂的坯料加工，由于处理量巨大，环境温度低，达到亚硝峰的时间就长很多，甚至能达到一个月或者更长。但统一的观点是，在规范的加工操作条件下，对于腌制时间足够的（超过亚硝峰产生的时间），腌“熟”腌“透”的蔬菜产品，亚硝酸盐的含量都会降至安全范围内。

### （二）腌制蔬菜中亚硝酸盐的危害

在食品的腌制过程中，亚硝酸盐能抑制肉毒梭状芽孢杆菌及其他类型腐败菌生长，具有良好的呈色作用和抗氧化作用，并且能改善腌制食品的风味。

但对于腌制蔬菜而言，更为人所重视的是亚硝酸盐的危害。有资料表明，人体长期摄取大量亚硝酸盐，可使血管扩张，血液中正常携氧的低铁血红蛋白被氧化成高铁血红蛋白，从而失去携氧能力，而引起组织缺氧，产生氧化血红蛋白血液病。一般人体摄入0.2～0.5克的亚硝酸盐可引起中毒，超过3克则可致死。

亚硝酸盐能够透过胎盘进入胎儿体内，婴儿（6个月以内）对亚硝酸盐特别敏感，临床上患“高铁血红蛋白症”的婴儿多是食用亚硝酸盐或硝酸盐含量高的食品引起的，症状为缺氧，出现紫绀，甚至死亡，5岁以下儿童发生脑癌的相对危险度增高与母体经食物摄入亚硝酸盐量有关。此外，亚硝酸盐还可通过乳汁进入婴儿体内，造成婴儿机体组织缺氧，皮肤、黏膜出现青紫斑。

亚硝酸盐的存在还是腌制食品（肉、蔬菜等）中主要的潜在致癌危害。亚硝酸盐能与腌制品中蛋白质分解产物胺类反应形成强致癌物亚硝胺，亚硝胺在体内微粒体羟化酶作用下，经过一系列代谢，使细胞产生突变或癌变。据动物试验，一次多量或长期摄入亚硝胺均可引起癌症。人类的鼻咽癌、食道癌、胃癌、肝癌等都与亚硝胺有关。相关报道显示，泡菜等蔬菜腌制品中含有的亚硝酸盐是胃癌致病因素之一。

### （三）腌制蔬菜中亚硝酸盐的控制

**1. 原料的栽培控制** 对于国内许多大规模的蔬菜加工企业，可考虑从源头上控制原料品质。蔬菜在生长过程中吸收土壤中的氮和人为施放的氮肥，变成蔬菜中的硝酸盐，硝酸盐本身无毒性，但在微生物作用下得以还原，生成亚硝酸盐，成为腌制蔬菜中亚硝酸盐的主要来源。从原料种植基地的土质、水质、环境，原料的品种、施肥等方面综合考虑，切断硝酸盐的来源，是一个控制亚硝酸盐的可行思路。但是，由于目前国内多数腌制蔬菜加工企业规模较小，具备如此生产条件的更是少之又少。故这种控制手段仅适合于少数大企业，并不能根本解决整体行业内的普遍问题。

**2. 化学方法** 运用化学方法来降低亚硝酸盐主要有：添加天然物质，从而阻断亚硝胺的合成，如蒜汁、姜汁、芦荟汁等；添加抑菌剂部分替代亚硝酸盐的作用，如抗坏血酸、柠檬酸等，其作用机理也是阻断亚硝酸盐的生成，阻断亚硝基与仲胺的结合，防止亚硝胺的产生；防止蔬菜加工过程中硝酸盐还原菌的生长繁殖，减少酸败和异味。对于一些需要护色的产品，可添加一些能起到类似亚硝酸盐发色或防腐作用的物质，如红曲色素、抗坏血酸等。

**3. 生物方法** 利用微生物降低腌制品中的pH、产生亚硝酸还原酶降解亚硝酸盐的微生物或者直接利用亚硝酸还原酶降低腌制品中亚硝酸盐含量。传统的蔬菜发酵，利用的是原料中的原生微生物，并不对发酵过程进行过多干预，故大肠杆菌、变形杆菌、沙门氏菌等硝酸盐还原菌并未加以控制。有研究指出，利用现代生物发酵手段，将植物乳杆菌、肠膜明串珠菌、乳酸片球菌和短乳杆菌冻干菌粉，加上优化后的保护剂，制成可用于蔬菜发酵的直投式发酵剂，形成的优势菌群对控制硝酸盐还原菌的生长产生极大的抑制作用，对亚硝酸盐的降解率达98%，该技术可用于工业化生产。也有研究从巨大芽孢杆菌中分离纯化得到亚硝酸盐还原酶，将该酶和特异性辅酶组成的复合酶制剂，在蔬菜腌渍过程中加入，可降低产品的亚硝酸盐含量。

## 第四节 榨菜加工技术

### （一）榨菜加工的历史及现状

榨菜是我国一种家喻户晓的腌菜，生产榨菜的原料为青菜头，在植物学上属十字花科芸薹属，其植物学标准命名植物学中文名称为茎瘤芥。榨菜的种植主要分布在重庆、四川、浙江地区，榨菜不易储存，仅在当季鲜食，大部分用于加工榨菜。通常所指的榨菜，是经过盐腌、压榨等工序，加入配料制成的盐腌菜。是一种半干态非发酵性咸菜，是中国名特产品之一，与法国酸黄瓜、德国甜酸甘蓝并称世界三大名腌菜。

榨菜是茎瘤芥的加工产品，它的质地脆嫩、风味鲜美、营养丰富，含丰富的人体所必需的蛋白质以及胡萝卜素、膳食纤维、矿物质等，以及谷氨酸、天门冬氨酸等游离氨基酸，具有一种特殊的风味，用于此类加工的榨菜品种主要有重庆的草腰子、浙江海宁的碎叶种和半碎叶种。榨菜作为中国传统食品，在国内的种植和生产都很普遍，现在四川省内 30 多个市县，浙江、福建、江苏、上海、湖南、广西、台湾等省（自治区、直辖市）均有生产，又以重庆和浙江最为出名。

四川榨菜是四川省的名优土特产，其中涪陵榨菜素以脆、嫩、鲜、香的传统风味而著称，又是中国食品工艺宝库的优秀遗产。在重庆的蔬菜种植产业中，榨菜当之无愧地排第一；重庆的榨菜产业，又数涪陵榨菜排第一。

涪陵位于长江与乌江汇合之处。该处出产一种茎部发达、叶柄下有乳状突起的茎瘤芥。清光绪年间，在涪陵县（今重庆涪陵区）荔枝乡邱家湾，涪陵人邱寿安在湖北宜昌开设“荣生昌”酱园。他雇用的伙计邓炳成选用肉厚质嫩的榨菜，仿腌制大头菜的方法加以改进，让风吹至半干，加盐揉搓腌渍，然后再用木榨榨干盐水和菜中酸水，再放上作料，装坛密封。这种用木榨加工的菜，就取名“榨菜”。由于它具有脆、嫩、鲜、香的独特风味，大受群众欢迎。起初，邱家严格保密，获利甚厚。后来腌制方法逐渐传开，到光绪末年逐步形成商品运销武汉、上海等地。1914 年已规模化生产，逐年发展到长江沿岸重庆各地。到 1935 年，榨菜作坊已遍及四川沿长江一带，年产达 45 万坛，其中涪陵占

25万坛，所以涪陵榨菜名声大振，至今未衰。

1995年3月，涪陵被国家命名为“中国榨菜之乡”。早在几年前，有关部门就定下了“到2017年，把重庆建成全球最大的榨菜种植加工基地”的目标。如今，经过多年的发展，涪陵榨菜因其“嫩、脆、鲜、香”的独特口味在国内外享有盛誉，涪陵榨菜早已成为重庆的一张名片。涪陵既是全国最大的榨菜优质原料基地，又是“国家南菜北运”基地。2014年12月，“涪陵青菜头”被认定为“重庆市蔬菜第一品牌”；“涪陵榨菜”“涪陵青菜头”品牌价值分别达138.78亿元、20.74亿元；2015年10月，涪陵区被评为“中国百佳特色产业县（区）”；2015年12月，涪陵区被认定为“中国十大品牌生产基地”。2016年，涪陵榨菜产业总产值达85亿元。

涪陵榨菜年生产约占全国产量的1/3以上，销往国内29个省、自治区、直辖市，出口我国香港、澳门地区和日本、东南亚一带，并进入欧洲和拉美市场。20世纪30年代以后，其生产技艺传入浙江杭嘉湖平原的海宁、余姚、萧山、桐乡、黄岩、温岭、温州、宁波等地。

近年来，浙江省榨菜常年栽培面积稳定在40万亩左右，年产量120万吨，年加工量近100万吨，加工年产值达20亿元以上。榨菜产业的持续稳定发展，为开发冬季农业、实现绿色过冬发挥了重要作用，促进了浙江省农业增效、农民增收。如今，浙江省榨菜主产区分布在杭州湾两岸的浙北的桐乡、海宁，浙东的余姚、慈溪、上虞，以及浙南的瑞安、龙湾等县（市、区）。其中，前5个市栽培面积达30万亩以上，总产量近100万吨，分别占浙江省榨菜栽培面积和产量的80%以上，且产区种植连片集中，基地规模较大。重点乡（镇）生产面积万亩以上，其中余姚泗门镇和上虞盖北镇榨菜种植面积超过4万亩，余姚榨菜种植始于20世纪60年代，从姚北棉区开始，大致经历了4个发展阶段。20世纪60年代开始试种，70年代逐步推广，80年代广为普及，90年代迅猛发展，已成为余姚市农业的主导产品之一。姚北榨菜与四川榨菜不同的是：四川榨菜春种秋收，余姚则是秋种春收；四川榨菜种在山坡地上，余姚榨菜种在沿海平原松软的沃土里。由于土壤肥沃，雨量充沛，生长期间越冬经霜，加上菜农的精耕细作。因此，余姚产榨菜圆头大，特别鲜嫩，口感爽脆，市场占有率高，效益也好，由此带动榨菜种植业迅猛发展。

浙江省榨菜加工整体水平较高，围绕原料生产基地，发展聚集了一批几百家的榨菜加工企业，桐乡、海宁、余姚、慈溪、上虞5个主产区的加工年产值达20多亿元，加工能力近90万吨，占浙江省的80%以上。各榨菜加工企业加大技术改进投入，致力于产品的升级换代，加强管理，努力提高产品质量和档次，使余姚榨菜备受消费者青睐，市场份额不断扩大，并涌现出了一批名优品牌，“斜桥”“铜钱桥”“备得福”等一批浙江榨菜品牌知名度不断扩大，宁波铜钱桥食品菜业有限公司、宁波备得福菜业有限公司、余姚富贵菜业公司、余姚国泰实业公司、浙江斜桥榨菜食品有限公司、桐乡南日蔬菜食品公司等已成为省级或市级农业产业化龙头企业，不少企业通过了ISO 9000—2001、HACCP等质量管理体系认证，获得中国国际农业博览会名牌称号、浙江省农业名牌产品、国家级绿色食品等称号。这些骨干龙头企业对提高余姚榨菜的整体档次和知名度以及市场占有率起到了重要的作用。余姚榨菜产量日益提高，产品不断升级换代，销售网络遍布全国，甚至远销海外，并成为全国最大的榨菜生产加工基地。1999年，被农业部命名为“中国榨菜之乡”，2004年获得国家原产地标记证书，2007年“余姚榨菜”获得国家工商行政管理总局商标局“地理标志证明商标”。浙江榨菜不但进入国内各大型超市，还成为出口到美国、日本等国家和地区的重要蔬菜制品，年出口创汇超亿元。

## （二）榨菜的传统生产工艺

盐渍蔬菜以食盐的渗透作用、微生物的发酵作用、蛋白质的分解作用等一系列复杂的生物化学等混合作用完成其腌制过程。期间，伴随着腌制过程的不断推进，风味物质在原料细胞液不断地渗出和转化过程中不断生成和累积，原料也因此逐渐由生转熟，最终形成具有独特风味和口感的蔬菜腌制加工制品。

蔬菜腌制加工品通常具有制法简便、成本低廉、容易保存以及风味好且能大大增进食欲等其他加工蔬菜所不及的优点，因而广受国内外消费者的喜爱。即便在饮食生活日渐丰富、饮食消费日渐多样化的今天，蔬菜腌制加工品依然成为众多消费者日常生活中不可或缺的调味佳品。

榨菜的成分主要是蛋白质、胡萝卜素、膳食纤维、矿物质等，因此被誉为“天然味精”，因其富含产生鲜味的化学成分，经腌制发酵后，鲜味更浓；加之传统加工方式又以延长产品保质期为基础，所以榨菜的传统加工方法其是将茎瘤芥（即青菜头）在高浓度食盐中发酵得到的。在腌制过程中，需要对茎瘤芥进行2～3次腌制、2～3次食盐渗透合并屯压脱水。在这个过程中，微生物的活动和茎瘤芥的组织结构变化，是影响产品品质的重要因素。腌制过程中茎瘤芥中食盐含量变化以及含水量的变化导致优势微生物菌群发生改变，加之脱水势必影响茎瘤芥组织结构的致密程度，导致形成榨菜品质的物质成分和细胞结构发生改变，从而影响榨菜的品质形成。因此，研究腌制过程中食盐、酸度和水分含量（即通常所说的盐、酸、水）的变化，对于研究榨菜产品的品质形成具有重要意义，对于指导生产具有现实意义。

榨菜的加工工艺主要分为两种，分别为风脱水和盐脱水工艺。四川和重庆地区大多腌制采用风脱水方式，其工艺为：选料→剥菜、划块→修剪→风脱水→一次腌制→一次压榨→二次腌制→二次压榨→淘洗→拌料→装坛→后熟。

而浙江地区的腌制方式多数采用盐脱水方式，其腌制工艺为：选料→剥菜→清洗→入池→加盐→一次施制→翻池加盐→二次腌制→后熟。

**1. 四川和重庆地区榨菜的生产要点**

（1）分选。原料的质量好坏直接影响成品率的高低和产品质量好坏。原料应选择组织细嫩、致密、皮薄老筋少、瘤形突起圆钝、凹沟浅而小，大小均匀，无黑心、烂心、黄心的榨菜。由于榨菜品种复杂，耕作栽培各异，自然条件不同，所以个体形状、单个重量、皮的厚薄、筋的多少、水分高低都有较大的差别，如混合加工会给风干脱水，盐水渗透带来困难。因此，必须分类处理。

个体重150～350克的，可整个加工；个体重350～500克的，应齐心对破加工；个体重500克以上的，应划成3～4块做到大小基本一致，竖划老嫩兼顾，青白均匀，防止食用时口感不一；个体重150克以下及斑点、空心、硬头、箭杆、羊角、老菜等应列为级外菜；个体重60克以下，不能作为榨菜，只能合在菜尖一起处理。

（2）串菜。过去用篾丝逢中串菜，菜身留下黑洞，且易夹污染物。因此，砍菜时可稍留3厘米左右根茎穿篾，避免损伤菜身。穿菜时，大小分别穿串，青面对白面，使有间隙通风。

（3）晾架风干。每50千克菜需搭架6.5～7叉菜架，大块菜晾架顶，小块菜晾底层，架脚不得摊晾菜串，力求脱水均匀。在2～3级风情况下，一般须晾晒7天，平均水分下降率为：早菜42%、中菜40%、晚期尾菜38%。

（4）下架。坚持先晾先下，要求菜头周身活软，无硬心，严格掌握干湿程度，适时下架。

（5）剥皮去根。砍掉过长根茎，剥尽茎部老皮。

（6）头腌。下架菜块须尽快下池进行头道腌制，防止堆积发烧。头腌每100千克用盐4千克，拌和均匀下池，层层压紧排气，早晚追压。反对满池加菜，以免发烧变质。头腌约需 72 小时，追去苦水。

（7）翻池二腌。分层起池，调整上、下、中边的位置。二腌用盐 7%～8%，拌和揉搓须均匀。二腌约需 7 天以上，保证盐分进入菜中，防止菜变酸。

（8）修剪。用剪刀挑尽老筋、硬筋、修剪飞皮菜匙、菜顶尖锥，剔去黑斑、烂点和缝隙杂质，防止损伤青皮、白肉。修剪整形时，二次剔出混入的次级菜。

（9）淘洗。当天修剪整形的菜头，必须当天用 3 次清盐水仔细淘洗。

（10）压榨。传统工艺使用木榨压水，工作效率低，劳动强度大。后改成"囤围"，利用高位自重压水，但底层压力大，压成扁块，而上层又水湿肥胖，干湿程度差别较大，容易变酸。湿块色不鲜、味不正、质不脆、不耐储，严重影响块形、风味。目前，正逐步采用机压，使压力基本均匀，压榨后菜头含水率控制在 72%～74%。

（11）拌料、包装、后熟。下榨的菜头必须晾干明水，以免料面稀糊。根据不同需求采用不同的调味配方，并根据不同产品形式要求进行包装。

产品的质量标准：

（1）感官指标。干潮适度、咸淡适口、淘洗干净、修剪光滑、色泽鲜明、闻味鲜香、质地嫩脆、块头均匀。

（2）理化指标。含水量：72%～74%；含盐量：12%～14%；总酸：0.6%～0.7%。

**2. 浙江地区榨菜的生产要点** 传统的浙江地区榨菜的加工工艺流程与四川、重庆地区的工艺大致相似，主要区别在于脱水方式。四川榨菜的脱水方式多为风脱水，但是浙江地区气候湿润、降水量大，风脱水的方式显然不太适合。故浙江地区榨菜多采用盐脱水的方式对原料进行处理。

（1）收购榨菜。榨菜应及时收获，选择体形小，呈团圆形，整齐美观的新鲜原料，剔除空心老壳菜、畸形菜。

（2）剥菜。鲜榨菜每堆不要超过5 000千克，以免堆内发热变质，用刀将青菜头基部老皮老筋剥去，成圆形，不可损伤突起瘤。剥去老皮、老筋后的榨菜为原重的90%～92%。

（3）第一次腌制。一般用菜池腌制，菜池挖在地面以下，长、宽、高分别为3.3～4.0米、3.3～4.0米、2.3～3.3米。池底及四壁用水泥涂抹表面，地面有条件的可铺上瓷砖，使加工场所清洁卫生。每1 000千克剥好的榨菜用盐30～35千克。撒盐时，应掌握每15厘米厚的菜层撒层盐，并且要分布均匀，轻轻踩压，直到食盐溶化，菜已压紧为止。如此层层加盐压紧，实际加盐时应掌握底轻面重，即最下面十几层每层酌留盖面盐4%左右，一直腌到与地面齐平时，再将所留盖面盐全部撒在表面。铺上竹编隔板，加放大石条块。石条块须分次加入，首先较松菜块受压下陷，6小时内保证每立方米菜池压大石条块2 000千克左右。这时菜块下陷基本稳定，菜块上水。第一次腌制脱水时间不得超过36～48小时，以免菜头发酸。腌制脱水时间一到，马上起池上囤。起池时，可将菜头在盐水中边起边淘洗边上囤。囤基先垫上竹隔板，囤用苇席围周正，上囤时层层踩紧，囤高不超过2米。上囤24小时。

（4）第二次腌制。将上囤的榨菜置于菜池内，每层约15厘米厚，按每1 000千克经第一次腌制后的榨菜加盐80千克，均匀撒施，压紧菜块，使盐充分溶化。加盐时，最下面十几层每层留盖面盐1%。每池不可装得太满，应距池面20厘米，防盐水外溢。然后，在面上铺上一层塑料纸，盖严盖实菜块，塑料纸上加沙15厘米左右厚，经常检查，在沙上踩压，使菜水完全淹没榨菜，注意不要让沙子落入菜块内。腌制20天左右后，即可起池。如需继续存放池内，应适当增加菜水含盐量。注意清除菜水表面酒花。若是制作小包装方便榨菜，粗加工过程到此为止，是为“白熟菜块”。

（5）修剪挑筋。将第二次腌毕的榨菜坯子在菜水中边淘洗边取出，用剪刀或小刀修去飞皮，挑去老筋，剪去菜耳，除去斑点，使菜坯光滑整齐。取出的榨菜，当天修剪完毕。

（6）分等整形。按菜块大小分等，重量 750 克以上、菜块均匀、肉质厚实、质地脆嫩、修剪光滑的圆形菜为外销菜。重量 600 克以上、有菜瘤、长形菜不超过 20%的为甲级菜。重量 300 克以上、长形菜不超过 60%的为乙级菜。重量 200 克以上、菜块不够均匀的为小块菜。对于体形过大的菜块应经过改刀整形，使菜形美观。

（7）淘洗上榨。将已分等整形的菜块再利用已澄清过滤的咸卤水淘洗干净，然后上榨以榨干菜块上的明水以及菜块内部可能被压出的水分。上榨时，榨盖一定要缓慢下压，不使菜块变形或破裂。上榨时，应准确掌握出榨折率，外销菜 60%～62%，甲级菜 62%～64%，乙级菜 66%～68%，小块菜 74%～76%。

（8）拌料、包装、后熟。下榨的榨菜必须晾干明水，以免料面稀糊。根据不同需求采用不同的调味配方，并根据不同产品形式要求进行包装。

### （三）现代化榨菜加工工艺的优化和提升

近年来，人们对营养健康的关注度不断增加，随着人们对食品安全是食品工业发展底线这一理念的认同，公众对于食品工业的审视也逐步从过去单纯的食品安全向营养健康转变。世界卫生组织食品安全部主任彼得·本·恩巴瑞克（Peter Ben Embarek）博士在 2017 年食品安全热点科学解读媒体沟通会上特别指出，过去几十年里，食品科学与技术的进步让人叹为观止。食品工业在过去的半个世纪里已经能够应对食物紧缺的挑战，为不断增长的世界人口生产出足够的价格便宜的食品，但它现在必须应对更新的挑战，向不断增长的世界人口生产出足够的价格便宜的健康安全的食品。在近两年的食品安全热点中，与食品营养健康相关的内容逐渐增多，特别是对传统食品的评价，出现一些有争议的观点。如 2016 年的红肉，2017 年的咸鱼、白酒、凉茶、油条、普洱茶等。在中国食品工业健康转型的大背景下，以中国传统食品大规模回归为特征的消费升级，需跨越“用科学的数据说明产品”的门槛。食品与生命科学的学科交叉、科技与产业的深度对接，已成必然。

作为传统发酵食品，榨菜目前的整个工艺过程及产品品质控制等方面仍然以传统的加工工艺为主，只有较为少数的榨菜企业具备工业化生产能力，其余均属零星分散，以小规模作坊式生产居多。发酵型榨菜几乎都采用传统的自然高盐腌渍，利用榨菜野生微生物发酵后熟，制作工艺为粗加工多，深加工、精加工少，榨菜产品附加值低。同时，因为采用高盐腌制，榨菜产品存在食盐含量高、生产周期长，而且货架期短、安全品质不稳定、亚硝酸盐含量严重超标等技术问题。另外，高盐腌制榨菜方式易引起产品营养成分大量流失，尤其是高盐腌制过程中产生的废水也会对环境造成污染。除此以外，榨菜生产存在的劳动力高成本和产品保质期都不能满足市场需求。一些生产厂家在榨菜中加入苯甲酸钠等防腐剂，以抑制榨菜中微生物活动，延长产品的保质期。但是，防腐剂的加入会对榨菜产品的风味产生不利的影响，而且苯甲酸钠等防腐剂不利于人体的健康，不符合当前“绿色消费”的理念。以上的这些问题严重阻碍了我国酱腌菜生产现代化和国际竞争力。因此，开发低盐和亚硝酸盐蔬菜产品是目前蔬菜加工产业亟待解决的主要问题。其实，为了迎合市场，近年来榨菜的生产也从提高品质、节能减排等角度出发，对榨菜的传统加工工艺进行了优化和提升，表现如下：

**1. 传统的榨菜低盐化加工**　市场上陆续出现了许多种类的低盐咸菜，由于低盐咸菜盐度低，脆嫩鲜香，故深受市民们的喜爱。对于市场上最常见的传统的榨菜低盐化加工技术，应当理解在盐渍蔬菜的生产过程中，腌制与保存是具有完全不同意义的两个概念。腌制的目的在于将新鲜蔬菜加工成具有独特风味的腌制加工品，而保存则是在腌制的基础上为应对全年不间断生产而必须具备的一种技术状态。限于生产条件和技术水平，我国的盐渍蔬菜生产与保存历来以高盐的渗透压作用来达到长期保存的目的，包括目前的低盐产品也离不开对高盐坯料进行脱盐进而加工成低盐产品。但不容忽视的是，无论是蔬菜腌制、保存或脱盐再加工，都存在着大量腌制副产物尤其是盐渍卤水（盐度通常在10度左右，COD高达40 000毫克/升）的状况。根据有关资料显示：我国目前从事盐渍蔬菜生产的重要省份有十几个之多，品种涵盖榨菜、萝卜、雪菜等数十个种类，其中又以浙江、重庆和四川为国内最主要的主产地，其总产量约占国内总产量的70%以上。仅以榨菜为例，浙江与重庆涪陵的成品产量就达60万吨以上，且随着榨菜业的发展，榨菜产量还将大幅增加。而据测算，每加工1吨榨菜成品将产生约1.5吨的腌制卤水，照此计算两地全年加工鲜榨菜合计约近200万吨，由此产生的卤水则高达90万吨以上。这还仅仅只是榨菜单一品种的量，如果将腌制蔬菜全行业、全品种的量统计在一起的话则更为惊人。将这些高盐度、高浓度的卤水直接排放到至内河或农田，将导致河网水体及农田受到严重污染从而导致水体黑臭、土壤板结及盐碱化。久而久之，必将严重影响生态环境与农业耕作，继而危及产业的生存与可持续发展。

我国盐渍蔬菜产业的生产历史悠久且品种众多、产量巨大，加之随意排放对环境的污染由来已久，产业的环保与可持续发展问题已成为维系生态环境、百姓健康和产业发展至关重要的生命线。如何应对挑战，将是摆在相关人员面前一项刻不容缓需要切实解决的重大课题。综上所述，传统的低盐榨菜产品并未对传统加工方法的用盐量等关键步骤进行改进和提升，只是将脱盐步骤进行的更为彻底，在调味阶段控制盐分。这样的操作，对于榨菜营养物质的保留、产品的质构、加工成本、环境的污染等方面不但没有改善，甚至消极作用更为强烈。所以，更多加工技术不断呈现。

**2. 节能减排与清洁加工效应的低盐坯料清洁加工技术**　事实上，国内有关单位对腌渍卤水的处理问题也早有关注，但因腌制蔬菜工艺的特殊性以及相关技术水平限制，腌制卤水的处理问题一直未能从根本上有效加以解决。而针对腌渍卤水所做的研究也都因存在这样或那样的重要缺陷而难以在生产上推广应用。其中，最典型的例子就是将腌渍后的卤水浓缩后制成酱油等调味品或通过反渗透浓缩以及膜处理手段达到将卤水淡化或去除有机物。但其制成酱油的主要问题在于浓缩过程中的高能耗和高成本，此外，酱油产业本身竞争激烈，用腌渍卤水酱油因受特色、成本的制约销路的问题而难以推广。而卤水淡化则因受反渗透浓缩技术极限的限制只能处理盐度≤4％以下低盐度的卤水。膜技术处理虽能有效去除卤水中的有机物，但因食盐的分子量过小，最小孔经的膜也难以阻挡食盐分子的通过而无法应用。由此，目前尚无切实可行的有效方法处理卤水。

相对于国内的被动处理而言，国外更注重于主动处理。日本琦玉县食品工业试验场的加藤司郎以日本大根为试材，通过研究不同含氧条件下微生物群落的变化情况及控制，将通常保存半年以上的盐量（一般13％～15％）降低至7％左右。

沈国华等人通过采用 $N_2$、$CO_2$ 作为气体置换介质，以EVOH高阻隔塑料袋作为试验用包装材料，采用适度低盐方式（与传统方法相比，盐量降低1/3以上）保存半成品，从一定程度上对于低氧条件下微生物菌群进行控制和调节，采用气体置换方式进行低盐坯料储存能够收到明显的辅助抑菌效果。首先，在所检测的微生物数量中，菌落总数、乳酸菌均在一定程度上低于对照组，其幅度大致低于对照组的1/100左右，而霉菌、酵母的数量与对照相比则差异则相对较小。$N_2$ 和 $CO_2$ 置换处理中，抑

菌效果以 $CO_2$ 的处理相对更为有效。另外，无论采用何种气体置换，其腌制坯料表面及液体上自始至终都没有明显的微生物生长，腌渍液清澈透明。此方法至少有以下突出亮点：一是降低用盐成本，减少高盐卤水对环境的污染，产业的健康与可持续发展得以最大限度提升；二是简化生产工艺，去除再加工时的脱盐、脱水过程及耗水费用；三是减少营养和风味的流失，即在简化脱盐、脱水过程、提高效率的同时，最大限度保留半成品原料的营养和风味，达到一举多赢的目的。

**3. 新鲜榨菜直接发酵的泡菜类产品** 泡菜是一种国际化商品，鲜、香、嫩、脆和爽口开胃是其主要特色。然而，由于国别的不同，对目标的追求存在很大差异。韩国、日本等国并不追求特别的发酵酸味和风味，而是把丰富的配料以及配料的风味作为追求目标，因而采用的是半干态低温自然发酵模式；而我国泡菜生产虽也注重不同配料的配合，但总体上比较讲究泡菜发酵的自然酸味和风味，所采用的发酵方式也是适温液态嫌气条件下的自然发酵。此外，在泡菜的销售方式上，日本、韩国多以不经热杀菌处理的冷链方式进行销售；而我国因不具备冷链条件或受消费水平限制，只能以常温方式进行销售。由于泡菜多适合以鲜原料的现做现吃，保存时间通常颇为短暂，而若为求得较长的保质期采用热杀菌处理则将直接导致泡菜的迅速变色、变味以及脆性下降而丧失食用价值，尤其难以作为普通包装食品进行常温条件下的流通销售。泡菜是我国川渝地区最为著名的传统盐渍发酵蔬菜加工产品之一，距今已有数百年历史。其鲜、香、嫩、脆和爽口开胃的大众特色历来为广大消费者所青睐，泡菜同时又是以一家一户的家庭制作模式发展而来的大众化产品，在经历史长河的经久洗练后，已在民间形成了广泛的家庭作坊式生产和大众化消费基础。

“榨菜泡菜”是重庆涪陵辣妹子集团依据近年来传统榨菜产品呈现出的品种单一、产品老化、品种结构不合理等一系列问题所带来的产品生产、销售的疲惫和消费吸引力下降，以致无法与当今社会的发展、生活水平的改善以及消费格局的变化相适应等现实提出的新产品开发举措，其用意旨在进一步巩固涪陵作为我国著名榨菜发源地的地位和榨菜产业的可持续发展，同时也为三峡库区老百姓的脱贫致富以及企业的后续发展寻求新的经济增长点。

顾名思义，“榨菜泡菜”就是以榨菜为原料，通过改变加工方式制成的与传统榨菜在风味、口感以及功能特性上有很大不同的新型泡菜产品。如前所述，泡菜的最基本特征在于其鲜、香、嫩、脆和爽口开胃的大众特色，但同时泡菜也有其致命的弱点，就是只适合以新鲜原料现做现吃，且作为商品时货架期短、需低温流通以及不适宜采用热杀菌处理等，否则将很快出现变色、变味以及脆性下降等众多保质期问题。因此，要成功开发“榨菜泡菜”产品并使之产业化生产，必须在泡菜的生产工艺以及保质处理等技术“瓶颈”上有重大的改进或突破。

研发榨菜泡菜生产新工艺及突破泡菜产业化生产中的保质技术“瓶颈”，至少将在以下几方面对榨菜泡菜的关联者产生重要影响：第一，四川、重庆、浙江等地区作为我国榨菜的传统故乡，当地老百姓祖祖辈辈有着种植榨菜的传统习惯，每年近百万亩栽培面积情系着百万老百姓的生活冷暖。“榨菜泡菜”的生产技术“瓶颈”若能有较大突破，首先得益的将是从事榨菜种植的老百姓及国内外巨大的泡菜消费群体。第二，由于“榨菜泡菜”生产工艺和保质技术与其他泡菜的生产乃至整个盐渍蔬菜产业有着广泛的共通性，因此对整个盐渍蔬菜加工产业的健康发展以及对相关产业的带动都将产生不可估量的作用和影响。

**4. 基于高效发酵剂的新型生产技术**　发酵蔬菜是我国传统腌制蔬菜中的一大类别，而泡菜则是发酵蔬菜中的杰出代表。其历史可追溯到2 000多年以前。千百年来，泡菜以其酸鲜纯正、脆嫩芳香、清爽可口、自然本色、醇厚绵长、解腻开胃、促消化增食欲等品位及功效，吸引着业内人士和众多中外消费者。

但泡菜又是我国从简陋的作坊模式发展起来的发酵蔬菜加工产品。一家一户的自然发酵制作模式代表了它的古老和传统，耗工耗时以及成败由天的自然发酵模式又十分现实地表明了其制作过程处在不可控或可控性较差的制作环境之中。作为发酵蔬菜生产的现代化，以制作过程的可控性以及标准化、规范化及周年稳定均衡生产为代表的生产技术模式无疑为传统发酵蔬菜生产现代化指明了一条可期待的光明大道。这其中采用纯菌接种发酵技术无疑是改变这种落后加工方式的理想选择。

然而，作为常规纯接种发酵剂的制备，通常需要利用标准菌种进行活化复壮，再经逐级扩大培养而成，制备过程繁琐复杂，且若操作不慎还易造成污染。因而，菌种质量不易控制，仍然存在发酵质量不稳定以及发酵失败的可能。而使用现代技术和高科技制造的冻干型直投式浓缩发酵剂，上述缺陷即可迎刃而解。由于直投式发酵剂活力强、用量少、污染低、便于运输、保藏及使用方便，已成为发达国家发酵剂的首选。

鉴于发酵剂的质量构成主要涉及菌种的质量与活力、发酵剂的制作工艺以及发酵剂产品的形式等，加之目前国内发酵剂市场多为国外企业所垄断（价格高达 10 万～15 万元/吨）。因此，开发具有我国自主知识产权的，符合中国国情且价格低廉、性能稳定的高活性浓缩发酵剂，已成为包括发酵蔬菜在内的所有发酵食品生产行业急待解决的课题。

沈国华等针对我国传统发酵蔬菜食品的生产现状、发酵剂生产应用与世界先进水平的差距等现实，研发具有用量少、污染低、菌体活力强，运输、保藏和使用方便的发酵蔬菜食品专用高效浓缩发酵剂生产技术体系，以改变通常需要利用标准菌种进行活化复壮，再经逐级扩大培养成生产用发酵剂的落后发酵剂生产应用方式，为我国传统发酵蔬菜食品专用发酵剂的生产与应用水平迈上一个新台阶提供技术支持。

# 主要参考文献


陈贵林，崔世茂，2001. 日本蔬菜产销现状及我国对日蔬菜出口的对策［J］. 中国蔬菜（6）：1-2.

陈利梅，李德茂，曾庆华，等，2009. 不同条件下蔬菜中亚硝酸盐含量的变化［J］食品与机械，25（3）：103-105.

陈学军，陈竹君，杜广晞，等，2001. 榨菜胞质雄性不育系和保持系叶绿体多肽电泳比较研究［J］. 浙江大学学报，27（1）：88.

陈竹君，陈迪锋，汪炳良，等，2000. 榨菜花芽分化早期的生化特性研究［J］. 浙江农业学报，12（4）：187-190.

陈佐平，汪涛，潘学锐，2004. 平衡施肥对茎瘤芥作物生长和产量的影响［J］. 农业与积水，24（6）：65-69.

范永红，2010. 榨菜种植和粗加工［M］. 北京：中国三峡出版社.

范永红，沈进娟，董代文，2016. 芥菜类蔬菜产业发展现状及研究前景思考［J］. 农学学报（2）：65-71.

高世阳，2014. 乳酸菌应用榨菜腌制工艺研究［D］. 杭州：浙江大学.

高毓蝾，2010. 维生素C对成品泡菜中亚硝酸盐含量的影响［J］. 中国调味品，35（5）：102-104.

顾海英，史朝兴，方志权，2004. 中日蔬菜贸易的格局、特征及融合［J］. 农业经济问题（1）：55-58.

郭得平，陈竹君，陈志辉，等，2000. 榨菜胞质雄性不育系瘤状茎形成期间植株叶片生长与光合速率的变化［J］. 植物生理学通讯，36（2）：103-106.

何士敏，李吉，唐菊，2011. 茎瘤芥超氧化物歧化酶活性的研究［J］. 安徽农业科学，39（30）：18411-18413，18416.

何士敏，向倩，周先容，2009. 茎瘤芥种子萌发期过氧化物酶的研究［J］. 安徽农业科，37（3）：951-955，989.

蒋高强，2006. 榨菜腐败微生物的分离、鉴定及其特性的研究［D］. 杭州：浙江大学．
李昌满，许明惠，2006. 杂交茎瘤芥物质积累规律研究［J］．西华师范大学学报，27（4）：416－419.
李昌满，周光凡，张召荣，等，2009. 施氮对茎瘤芥产量和硝酸盐含量的影响［J］．长江蔬菜（18）：61－63.
李敏，2006. 榨菜加工中亚硝酸盐含量的动态研究［J］．重庆工商大学学报，23（5）：481－483.
李书华，2006. Vc 和发酵温度对泡仔姜中亚硝酸盐的影响［J］．中国酿造（2）：34－36.
李学贵，2003. 对榨菜在腌制过程中主要成分变化的探讨［J］．中国酿造（3）：9－12.
李学贵，2004. 酱腌菜史小考［J］．江苏调味副食品（1）：29－30.
刘大群，沈国华，华颖，2009. 发酵蔬菜食品高活性浓缩发酵剂菌株筛选与高密度培养的研究［J］．中国调味品，34（7）：46－48.
刘李峰，武拉平，刘庞芳，2006. 中国蔬菜贸易的基本格局、市场特征及发展策略［J］．中国蔬菜（8）：37－40.
刘佩瑛，1996. 中国芥菜［M］．北京：中国农业出版社．
刘璞，吴祖芳，翁佩芳，2006. 榨菜腌制品风味研究进展［J］．食品研究与开发，27（1）：158－162.
刘小宁，王文光，2010. 泡菜中亚硝酸盐的危害及预防措施［J］．陕西农业科学（4）：109－110.
刘义华，张红，范永红，等，2003. 茎瘤芥生育期光温综合反应敏感性的研究［J］．西南农业学报，16（4）：98－101.
刘义华，张召荣，赵守忠，等，2013. 茎瘤芥（榨菜）瘤茎蜡粉遗传的初步研究［J］．西南农业学报，26（3）：1297－1299.
刘义华，周光凡，范永红，等，2004. 茎瘤芥（榨菜）产量生境敏感性的初步研究［J］．植物遗传资源学报，5（4）：374－377.
刘柱明，张怀宇，邓海阳，等，2005. 榨菜中多酚氧化酶特性的研究［J］. 湖北大学学报，27（4）：381－384.
陆建邦，2001. 胃癌发病因素的流行病学研究进展［J］．肿瘤防治研究，28（2）：157－159.
吕忠宁，郭文场，等，2001. 四川榨菜［J］．特种经济动植物（6）：35.

孟秋峰，汪炳良，胡美华，等，2009. 不同生态类型的茎瘤芥（榨菜）品种与栽培模式［J］. 中国蔬菜（21）：45-46.

孟秋峰，王毓洪，汪炳良，等，2007. 芥菜分类及茎瘤芥（榨菜）育种技术研究进展［J］. 中国农学通报，23（11）：184-187.

穆月英，2015. 中国对日本蔬菜出口贸易现状及变动趋势［J］. 中国蔬菜（2）：1-5.

农业部全国农作物种子质量检验测试中心，2006. 农作物种子检验员考核学习读本［M］. 北京：中国工商出版社.

裴雁曦，陈竹君，曹家树，2004. 榨菜胞质雄性不育系与保持系间线粒体和叶绿体多肽比较［J］. 西北植物学报，24（8）：1511-1513.

沈国华，刘大群，华颖，等，2009. 保持发酵型风味泡菜长货架期的生产技术研究［J］. 中国食品学报，9（6）：110-115.

沈进娟，刘义华，张召荣，等，2017. 茎瘤芥（榨菜）耐抽薹性的遗传初探［J］. 南方农业，11（22）：12-15.

宋莲军，张平安，等，2010. Vc 与茶多酚对自然发酵泡菜中亚硝酸盐含量的影响［J］. 安徽工业科学，38（2）：900-901.

汪炳良，2006. 榨菜品种和栽培关键技术［M］. 北京：中国三峡出版社.

徐伟丽，赵国华，李洪军，等，2006. 茎用芥菜芥子苷酶的特性研究［J］. 中国食品学报，6（2）：41-45.

许牡丹，毛跟年，2003. 食品安全与分析检测［M］. 北京：化学工业出版社.

颜启传，2001. 种子学［M］. 北京：中国农业出版社.

燕平梅，2007. 发酵蔬菜中亚硝酸盐含量及优良发酵菌种筛选的研究［D］. 北京：中国农业大学.

杨性民，刘青梅，徐喜圆，等，2003. 人工接种对泡菜品质及亚硝酸盐含量的影响［J］. 浙江大学学报，29（3）：291-294.

张德权，艾启俊，2003. 蔬菜深加工新技术［M］. 北京：化学工业出版社.

张岩，肖更生，陈卫东，等，2005. 发酵蔬菜的研究进展［J］. 现代食品科技，21（1）：184-186.

张召荣，李昌满，刘义华，等，2009. 氮磷钾肥对茎瘤芥产量和硝酸盐的影响［J］. 西南农业学报，22（3）：712-715.

郑海领，2012. 高盐榨菜废水物化生化处理技术的研究［D］. 重庆：重庆大学.

周光凡，范永红，刘义华，等，2008. 茎瘤芥（榨菜）研究进展及其对产业化发展的贡献［R］. 中国十字花科蔬菜研究进展，118-120.

周光燕，张小平，钟凯，等，2006. 乳酸菌对泡菜发酵过程中亚硝酸盐含量变化及泡菜品质的影响研究［J］. 西南农业学报，19（2）：290-293.

Buckenhuskes H J，1997. Fermented vegetables ［M］. In Food Microbiology：Fundamentals and Frontiers ASM Press.

Di Cagno R，Coda R，De Angelis M，et al，2013. Exploitation of vegetables and fruits through lactic acid fermentation ［J］. Food Microbiology（33）：1-10.

Leroy F，De Vuyst L，2014. Fermented food in the context of a healthydiet：how to produce novel functional foods? ［J］. Current Opinion in Clinical Nutrition and Metabolic Care（17）：574-581.

MorlikaEichholzer，1998. MDietary Nitntes，Nitrites，and N-Nitroso Compounds and Cancer Risk：A Review of the Epidemiologic Evidence Nutrition Reviews，56（4）：95-105.

Pasquale Filannino，Raffaella Di Cagno，Marco Gobbetti，2018. Metabolic and functional paths of lactic acid bacteria in plant foods：get out of the labyrinth ［J］. Current Opinion in Biotechnology（49）：64-72.